なるほどナットク！
電気回路がわかる本

飯田 芳一 …………… 著

Ohmsha

本書に掲載されている会社名、製品名は一般に各社の登録商標または商標です。

本書を発行するにあたって，内容に誤りのないようできる限りの注意を払いましたが，本書の内容を適用した結果生じたこと，また，適用できなかった結果について，著者，出版社とも一切の責任を負いませんのでご了承ください．

本書は，「著作権法」によって，著作権等の権利が保護されている著作物です．本書の複製権・翻訳権・上映権・譲渡権・公衆送信権（送信可能化権を含む）は著作権者が保有しています．本書の全部または一部につき，無断で転載，複写複製，電子的装置への入力等をされると，著作権等の権利侵害となる場合があります．また，代行業者等の第三者によるスキャンやデジタル化は，たとえ個人や家庭内での利用であっても著作権法上認められておりませんので，ご注意ください．

本書の無断複写は，著作権法上の制限事項を除き，禁じられています．本書の複写複製を希望される場合は，そのつど事前に下記へ連絡して許諾を得てください．

(社)出版者著作権管理機構
(電話 03-3513-6969, FAX 03-3513-6979, e-mail: info@jcopy.or.jp)

JCOPY <(社)出版者著作権管理機構 委託出版物>

■はじめに

　現代社会にとって、電気はなくてはならないものといえます。しかし、家庭内の電気は100Vということは理解していても、私たちの周りの小さなモーターから超高層ビルへの電力供給まで、電気はどのように構成され、どのような仕組みになっているのでしょうか？　そんな疑問から電気回路を理解するために一般の専門書を見ても、数学のかたまりのような内容にとまどってしまう方も多いと思います。まして、その全体を理解しようとすれば、相当難しい本を開かなければなりません。

　本書は、このような皆さん、すなわち電気に素朴な疑問を持っている一般の方から、そして現在電気を学習している人、さらに電気を専門とする人までを対象に、電気回路の仕組みについて、オームの法則から最先端の電磁気学の分野まで、楽しく理解していただこうというものです。

　このため本書は、

○電気に関する入門書はそれなりにあるが、電気回路に関するものはあまりない。ぜひ、そのための本にしたい。

○電気回路は、最初はわかりやすく書かれていても、後半になるとどうしても数学だらけになってしまう。ここを何とかしたい。

○電磁方程式のような内容でも、高校生や一般の読者にも楽しく、わかりやすく理解していただける本がつくれないだろうか。

○できれば、電気を専門とする読者にも読んでもらいたい。

○電圧と電位差という言葉そのものに悩む読者もいるかもしれない。

○ここの積分の式を削除して、言葉で説明できないだろうか。

というやりとりを経て完成したものです。これらがこの『なるほどナットク！　電気回路がわかる本』の基本的な考え方です。

　執筆にあたっては、読者の皆さんが難しそうな数式にびっくりしたり、ため息をついたりすることがないよう、できるだけ例示を多くし、基本的な

イメージを理解していただけることを第一の目的としました。ページを開いていただければわかるように、随所にいろいろな工夫を凝らした楽しいイラストを豊富に挿入しましたので、従来の電気回路の本とは異なり、ちょうど推理小説を読むような感覚で読んでいただけるものと考えています。また、専門的にみると、言葉足らずの箇所もあるかと思いますが、理解のしやすさという面からご容赦いただければと思います。

　したがって、本書の特徴は以下のとおりとなっています。

① これ1冊で、電気回路の初歩から大学で学習する専門分野まで、わかりやすくコンパクトにまとめています。

② 豊富なイラストにより、目で見ても楽しめる内容としています。

③ すべて見開き構成で、基本的にはどのページからでも読み始めることができ、ちょっとした疑問に関するハンドブック的内容を備えています。

④ 実際の電力系統の仕組みについて、電気回路の面からわかりやすく解説するとともに、未来の電気回路についても最先端の情報を紹介しています。

⑤ 最後に、理解の手助けとなるよう、電気回路に関する数学について、そのものの考え方についてまとめてあります。

この本を読んだ皆さんが、1人でも多く理解を深め、電気への興味をより一層持っていただければ、電気関係に携わってきた1人として最大の喜びとするものです。

最後に、本書を執筆する機会を与えていただき、かつ、いろいろお世話になりましたオーム社出版局の皆さん、私のイメージを見事なイラストに仕上げていただきました中西隆浩氏、ならびに関係者の皆様にこの場を借りて厚く御礼申し上げます。

2001年11月

　　　　　　　　　　　　　　　　　　　　　　　　　　　飯田　芳一

■目 次

1. 電気回路の基礎

- ■電気回路国語辞典 超基礎編 2
- ■流れているから電流…回路とは？ 4
- ■回路といえばこれ！ 例題にチャレンジ 6
- ■電流の素 電荷 8
- ■回路の定番 オームの法則(1) 10
- ■本当はとってもまじめ 抵抗 12
- ■いろいろあるぞ！ 抵抗の性質 14
- ■どちらが先か？ 電力と電力量 16
- ■変化を阻止！ インダクタンスと静電容量 18
- ■インダクタンスにおける二人の関係 20

2. 正弦波交流

- ■正弦波交流の謎 24
- ■面積から求める平均値 26
- ■回路計算の主役 実効値 28
- ■交流における二人の関係 位相差 30
- ■回転か静止か？ ベクトルの話 32
- ■図を数で示す…複素数の話 34
- ■掛け算はこれが便利…極座標の話 36
- ■ベクトル計算の三種の神器 38
- ■直流と比べてみよう！ Rのみの回路 40
- ■なぜ遅れる？ Lの回路電流 42
- ■なぜ$ω$がつくか？ リアクタンス$ωL$ 44

- ■なぜ進む？ Cの回路電流　46
- ■Lとどう違う？ $1/\omega C$　48
- ■オームの法則(2)　50
- ■電力だって変化する！ 交流電力　52
- ■交流電力を分解すると？　54
- ■電力とインピーダンスと力率の関係　56
- ■できないようでできる！ 電力のベクトル表示　58
- ■回路のマジック 共振現象　60

3. 回路の法則

- ■解くのはあなた!? キルヒホッフの法則　64
- ■オームの法則が困難な場合とは？　66
- ■ブリッジの4番打者 ホイートストンブリッジ　68
- ■キルヒホッフの定石(1) 枝路電流の算出　70
- ■キルヒホッフの定石(2) ループ電流による方法　72
- ■足して足して足して 重ねの定理　74
- ■反対の反対は 鳳−テブナンの定理　76
- ■何を補償するか？ 補償の定理　78
- ■シャーロック・ホームズ 相反の定理　80
- ■等しいときが一番幸せ 最大電力の定理　82
- ■昼の反対は夜 回路計算の相対性　84
- ■たたんだり結んだり 対称な回路　86
- ■秘密を公開 △−Ｙ変換　88
- ■相対性を使おう Ｙ−△変換　90

4. 三相交流回路

- ■三相交流の謎　94

- ■ベクトルオペレータaの登場　96
- ■進んだり遅れたり　三相電圧と電流の関係　98
- ■不思議で便利　Y形電源Y形負荷　100
- ■とっても簡単　△電源の場合　102
- ■線電流で求める三相交流の電力　104
- ■モーターの素　回転磁界　106
- ■くまとりって何？　単相モーター　108

5. 電気回路　上級編

- ■基本に帰ろう　不平衡三相回路　112
- ■不平衡計算の手品師　対称座標法　114
- ■発電機の基本式が基本　116
- ■結果で勝負　四端子定数　118
- ■交流が波になる　分布定数回路　120
- ■どう落ち着くか　過渡現象　122
- ■高調波は整数倍　ひずみ波　124
- ■反射と透過の方程式　進行波　126
- ■電磁気学の集大成　電磁方程式　128

6. 電気回路　線路編

- ■まずは自宅の配線を探検しよう　132
- ■2階の電気をどう消すか？　三路スイッチ　134
- ■わが家の周りを見てみよう　136
- ■電線路の主役　電柱物語　138
- ■電力輸送のパートナー　変圧器　140
- ■電灯線のエース　単相3線式　142
- ■動力のエース　V結線　144

- ■控えの切り札　灯力共用三相4線式　146
- ■私は大リーガー　ネットワーク配電　148
- ■ルーキー　400V配電　150
- ■なぜ使われる　非接地方式配電線　152
- ■電気系統における事故のいろいろ　154
- ■炎のストッパー　過電流遮断器　156
- ■アークに負けるな　交流遮断器　158
- ■どう見つけるか　地絡事故　160
- ■感電防止の名選手　漏電遮断器　162
- ■仮想体験　鉄塔に昇ろう！　164
- ■大きな電気回路　電力系統　166
- ■名前はすてき　コロナ　168
- ■誘われたくない　誘導障害　170
- ■どういう効果？　フェランチ効果　172
- ■下から落ちる？　雷の話　174

7. 回路の缶詰・測定器

- ■計器の基本　指示電気計器　178
- ■3つで測る　単相交流電力　180
- ■2つで3つを測る方法　二電力計法　182
- ■抵抗測定の定番　ホイートストンブリッジ法　184
- ■オームの法則で直接求める　電圧降下法　186
- ■大地を測る　接地抵抗の測定　188
- ■私は貴金属　抵抗温度計　190
- ■事故点捜査隊　マーレーループ法　192

8. 未来の電気回路

- ■巨大な宇宙発電所　宇宙太陽光発電　　196
- ■夢の技術　核融合発電　　198
- ■ロスのない世界　超伝導　　200
- ■実用化目前！　高性能電力用電池　　202
- ■一家に一台？　マイクロガスタービン　　204
- ■夢見た技術　電力線インターネット　　206

9. ちょっと変わった公式集

- ■ギリシャ文字を覚えよう　　210
- ■図記号を覚えよう　　211
- ■単位を覚えよう　　213
- ■電気回路は比例から　　216
- ■解かなければ解けない方程式の解き方　　218
- ■サイン（sin）はV　　220
- ■指数ベクトル複素数　みんなの関係　　222
- ■傾きは微分　面積は積分　　224

索　引　228

1

電気回路の基礎

　それでは、いよいよ電気回路についてお話していきます。まず、最初は「基礎編」です。簡単といえば簡単なのですが、それなりに奥が深い部分もあります。初心に帰って、読んでみて下さい。もしかしたら、思わぬ発見があったりするかもしれません。できるだけ、楽しみながら電気回路の世界に入っていきましょう。

電気回路国語辞典　超基礎編

　これから先、いろいろ耳慣れない言葉が出てくる可能性があります。思わぬところで、悩むことのないように念のため最初に確認しておきましょう。新たな言葉や意味を発見するかもしれません…。

■**アース**　電気回路や機器の一部を導線でつなぎ、大地に接続すること（接地という）。感電防止や設備の保安を目的としている。

■**イオン**　電気を帯びた原子。原子は本来は電気的に中性だが、電子の増減により＋電気（陽イオン）、－電気（陰イオン）を帯びる。

■**架空線**　電柱などに施設された電線のこと。なお、架線とは電線を施設すること。

■**起電力**　電位差を生じさせ、連続して電流を流す力をいう。

■**コイル**　つるまきばねのように導線を巻いたもの。ソレノイドコイルともいう。

■**交流**　家庭や工場で使う電気で、向きと大きさが周期的に変化する電圧と電流をいう。

■**磁界**　磁力の働いている空間。磁力は磁力線で表され、N極から出てS極に入る。

■**周波数**　交流が1秒間に流れる回数のこと。関東では50Hz、関西では60Hzである。

■**送電**　発電所から需要場所近くの配電用変電所まで電力を送ることをいう。

■**端子**　電流の出入口で導線を接続する部分。

■**短絡**　電位差のある2点が接続されること。ショートともいう。

電気回路国語辞典　超基礎編

■**直列**　電気器具などを、順番に縦につないでいく方式。

■**地絡**　電位をもつ電気回路の一部が、異常状態として大地と電気的につながること。

■**電圧**　電流を流す電源の働きの大きさを示す量。

■**電圧降下**　ある物質に電流が流れると、流れ込む点の電位より、流れ出る点の電位は低くなる。この低くなることを電圧降下といい、両端には電圧降下分の電位差が生じる。

■**電位**　電圧0に対するある地点の電圧のこと。

■**電位差**　ある2つの点の間に生じている電位の差、すなわち電圧のこと。

■**電荷**　物質が電気を持つことを帯電といい、その電気量を電荷という。

■**電界**　静電力の働く場所をいう。静電界の略。

■**電源**　電池や発電機など、連続して電流を流すために電圧を発生する装置をいう。

■**導体**　電気を流すことのできる物質をいう。流さないものは絶縁体という。

■**配電**　配電用変電所から需要場所までの電線路をいう。

■**負荷**　電力の供給を受けて、電気的エネルギーを消費するものをいう。

■**並列**　電気器具の両端を束ねてつなぐ方法。

■**放電**　空気の中を電流が流れる現象をいう。気体は絶縁体で電気を流さないが、電圧を高くしたりすると電気が流れる。

電気　基礎の基礎　2

原子のイオン化

放電現象

（直列）

（並列）

1 電気回路の基礎

流れているから電流…回路とは？

　回路は正式には電流回路といいます。つまり、電流の流れる道筋ということです。回路において、始点と終点が一致している道を閉路(ループ)といいます。回路のどこかが切れていると電流は流れません。電流が切れているところまで流れて、そこで待っているわけではないのです。流れているから電流というのです。「電流が流れる」とは、日本語としては「登山に登る」と同じ例なのかもしれませんね。

　電気回路で扱う最も基本的なものは、電圧 V(単位ボルト〔V〕)と電流 I(単位アンペア〔A〕)ですが、電圧と電流は、通常次のように説明されます。

　ある点の電位は通常、無限遠の電位を基準($V=0$)にして表しますが、ある2点の電位の相対的な関係を電位差と呼び、電気回路の2点間の電位差を電圧といいます。そして、電気回路のある道筋に流れる電子が電流(正式には電荷の時間的な変化)です。電荷と電流については、8ページに書いておきましたので確認してください。

　回路は英語でサーキット(circuit)ですが、これには他に周囲・巡回・回転・回り道、また自動車レースなどの周回コースなどの意味があります。また、人間の身体も電気回路に似ています。心臓を電圧とすると血液が電流です。血液は身体のあちこちを巡回し、いろいろな仕事をして、元の場所に戻ってきます。電気回路も、電流が流れ、戻ってくるときには、電球を灯したり、モーターを回したりなど、何らかの仕事をしています。

　電気回路において、閉路に沿った電圧の総和は零になります。また、電気回路のある点に流入する電流の総和と、流出する電流の総和は等しくなります。この2つは電圧平衡および電流連続ともいいます。これ

流れているから電流…回路とは？

は後で説明するキルヒホッフの法則と呼ばれるものです。

回路といえばこれ！　例題にチャレンジ

　豆電球と乾電池を想像した方がいるかもしれません（正解です）。
　でも、その中身はそんなに簡単なものではありません。次の問題をみて、解答がわかるでしょうか。その理由も考えてください。頭の体操ではなく、ちゃんとした回路の問題です。

例題　100V用100Wの電球と、100V用40Wの電球を直列につないで、100V電源につないだ。このときどちらの電球が明るいか。

解答　40Wの電球の方が明るくなります。

理由　普通は100Wの方が明るくなると思いますが、それは並列の場合です。直列の場合は、40Wの電球の方が明るくなります。この電球のそれぞれの抵抗 R は、100Vで使用した場合は $R_{100}=(100V)^2/100W=100Ω$、$R_{40}=(100V)^2/40W=250Ω$ となります。したがって、直列につないだ場合の電流 I は、

$I = 100V/(100Ω+250Ω) = 0.29A$

となります。

　ですから直列につないだ場合、それぞれの電球のワット数は、電力＝$R×I^2$ の式より

　　　100Wの電球……$100Ω×(0.29A)^2 = 8.4W$
　　　40Wの電球……$250Ω×(0.29A)^2 = 21.0W$

となり、40W電球の方がワット数が大きくなります。つまり、発熱量が大きくなり明るくなります。なお、実際の場合、電球の温度はあまり上昇しないので、電球の抵抗は計算値よりは小さくなります。わかった方も？？？の方も、これから回路について楽しく理解していきましょう。

回路といえばこれ！　例題にチャレンジ

簡単に解けるかな？

電流の素　電荷

　いままで、何も説明せずに電流について話をしてきました。電流についていろいろ調べると、電気回路の話から離れてしまうのですが、念のため、ここで電流について再確認しておきましょう。

　電流を説明するためには、電荷を説明しなければなりません。電荷を説明するためには、原子を説明しなければなりません。原子には原子核と、その周りを回る電子があります（やはり、電気回路から離れてしまいますね。このような学問を電気物理とか電磁気学といいます）。

　この原子核（正確には原子核は陽子と中性子からなり、電荷を持つのはこのうち陽子です）と電子が電気の素の電荷量を持っています。1個の電子が持つ電荷量は、負の電荷-1.602×10^{-19}C（クーロン）です。そして、1個の陽子は電子と符号が反対で同じ大きさの正の電荷を持っています。通常は、陽子と電子の電気量は同じ数でつり合っており、電気的に中性ですが、外部のエネルギーにより電子が離れたり、付着したりします。そうすると、この原子は正または負の電荷を持つように見えることになります。

　そして、電荷の移動があるときを"電流が流れる"といいます。実際の電荷の移動にはいろいろな種類があります。金属中では伝導電子、ブラウン管では自由電子（いずれも電子そのもの）、電解液の中ではイオン（電気を帯びた原子）、トランジスタなど半導体ではホール（半導体中の電子の空席）です。これらは、電気を運んでくれることからキャリヤと呼びます。

　この電荷の1秒間あたりの移動の量が電流の大きさです。電流の方向と大きさが一定であれば直流、方向が正と負に交互に変化する場合は交流と呼びます。

電流の素 電荷

電流は、電子が発見される前にプラスからマイナスに流れると決められました。ですから、電流は実際の電子の流れとは反対になっています。

電荷を知るには原子から…

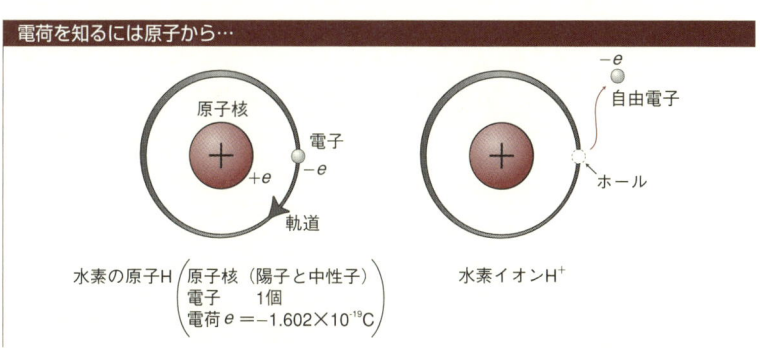

水素の原子H （原子核（陽子と中性子）／電子　1個／電荷 $e = -1.602 \times 10^{-19}$ C）

水素イオン H^+

電流＝電荷の移動

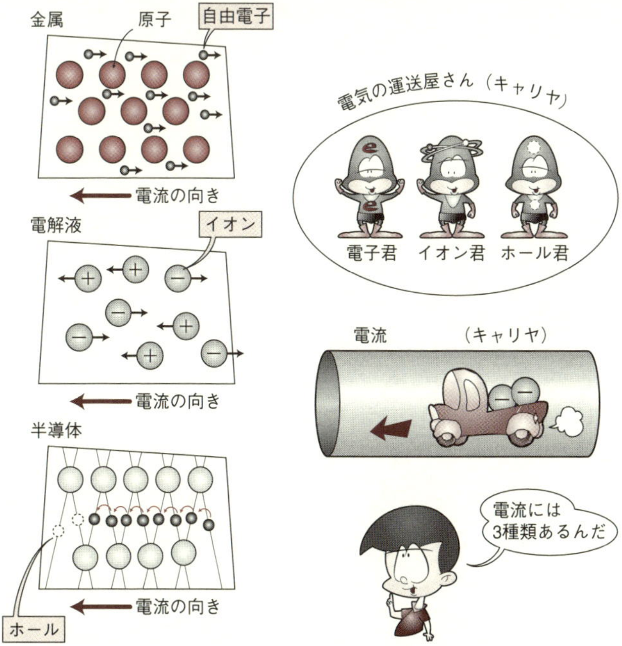

金属　原子　自由電子

← 電流の向き

電解液　イオン

← 電流の向き

半導体

← 電流の向き

ホール

電気の運送屋さん（キャリヤ）

電子君　イオン君　ホール君

電流　（キャリヤ）

電流には3種類あるんだ

回路の定番 オームの法則（1）

　目次をみて、「ここのページは飛ばそう」と思う方もいると思います。でも、オームの法則は、電気回路の基本中の基本です。ここを飛ばした方にも読んでもらいたいので、2章にその（2）という項目をつくっておきました（50ページ）。したがって、その（2）を見てから、この項目に戻ってきた方もいるかもしれません。

　ちなみに、オームの法則は中学2年の教科書に「豆電球などの電気器具に流れる電流は、その両端に加える電圧に比例する。これをオームの法則という」と載っています。

　さて、オームの法則ですが、電流をI、電圧をE、比例定数をKとすると、次のように示されます。

　　$I = K \times E$

　ここで比例定数Kは、電流の流れにくさを示しているのです。したがって、上の式を変形し$E=(1/K) \times I$、$(1/K) = R$とすると、

　　$E = RI$

となります。Rが電流の流れにくさを示していることから、Rを電気抵抗と呼び、その単位をΩ（オーム）で示します。

　また、この関係は条件により次のような言い方をすることができますので、回路の計算をする目的にあわせ、使い分けると便利です。

　①**電流計算**：電圧が一定なら、電流は抵抗に反比例する。

　②**電圧計算**：電流が一定なら、電圧は抵抗に比例する。

　ここで、①は電池をつないだ時の電流値の計算です。②はある電流を流したとき抵抗の両端に現れる電圧の計算などですが、トランジスタ回路などでは、電池の代わりに定電流源というものを置いて計算する場合もあります。①を定電圧回路、②を定電流回路ともいいます。

オームの法則

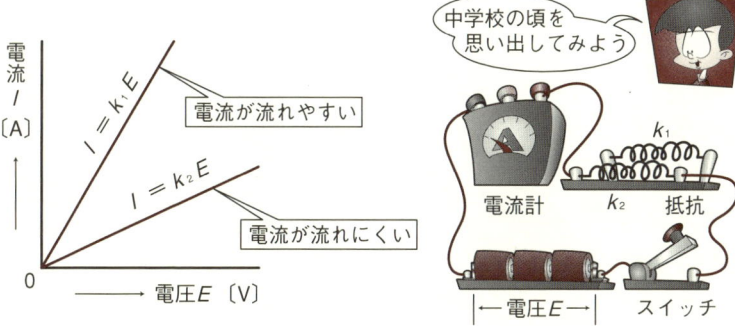

回路の定番　オームの法則（1）

本当はとってもまじめ 抵抗

　抵抗という日本語のイメージに対し、電気抵抗 R はとても働き者です。電流を流さないための働きが熱になり光になり、電熱器や電球などでたくさんの仕事をしてくれています。

　また、抵抗はその値により導体と絶縁体に区分されます。

- 導体………電気抵抗が小さく、電流を流しやすいもの
- 絶縁体……電気抵抗が大きく、ほとんど電流を流さないもの

　電気抵抗の値が低いのは、右の表のように銀や銅です。したがって、電線には銅線が使用されます。また、銀もオーディオ製品などでよく使われています。逆に抵抗の大きい磁器はがいしに使われます。

　また、ゲルマニウムやシリコンなど導体と絶縁体の中間の性質を持つものを半導体といい、いろいろな特性を持っていることからトランジスタやコンピュータなどで大活躍しています。

　電気回路の抵抗の接続方法には直列接続と並列接続があり、その合成抵抗は以下のようになります。これはオームの法則から証明されます。

- 直列接続　$R = R_1 + R_2 + R_3 + \cdots\cdots$
- 並列接続　$R = 1/\{(1/R_1)+(1/R_2)+(1/R_3)+\cdots\cdots\}$

　この合成抵抗は、直列の場合は各抵抗の和に等しく、並列の場合は、各抵抗の逆数の和の逆数に等しいと定義されます。ややこしいのは、並列接続のほうですが、R はもともと比例定数なので $1/R$ を G とおいてしまえば、以下のようになるということ理解しておきましょう。

　　$G = G_1 + G_2 + G_3 + \cdots\cdots$

　この G をコンダクタンスといいます。

抵抗君は働き者

物質の体積抵抗率（例）

物質	抵抗率〔Ω・m〕(常温)
銀	1.62×10^{-8}
銅	1.69×10^{-8}
金	2.4×10^{-8}
アルミ	2.62×10^{-8}
白金	10.6×10^{-8}
純水	2.4×10^{5}
木材	$(1 \sim 4000) \times 10^{7}$
磁器	$10^{5} \sim 10^{12}$
エボナイト	$10^{13} \sim 10^{16}$

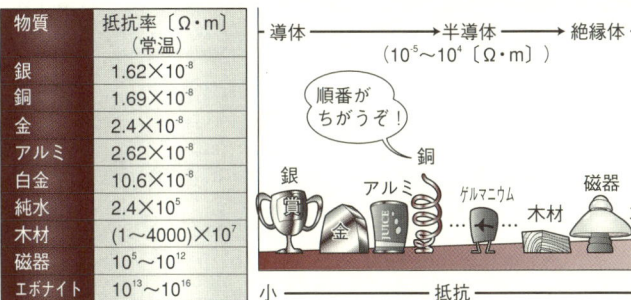

抵抗の接続

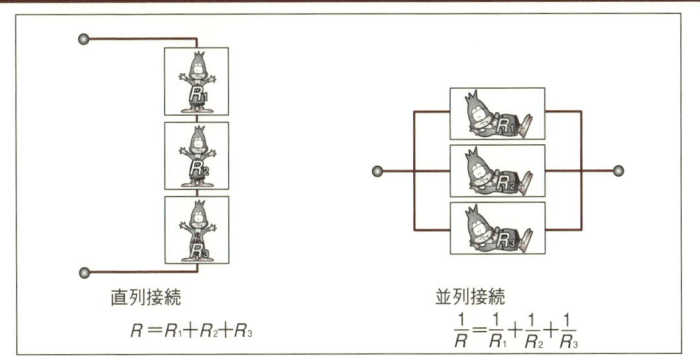

直列接続
$R = R_1 + R_2 + R_3$

並列接続
$\dfrac{1}{R} = \dfrac{1}{R_1} + \dfrac{1}{R_2} + \dfrac{1}{R_3}$

いろいろあるぞ！ 抵抗の性質

電気抵抗Rの値は導体の長さlに比例し、その断面積Sに反比例し、次式で表されます。

$$R = \rho \cdot \frac{l}{S} = \frac{l}{\lambda S}$$

ここでρはギリシャ文字でローと読み（その他のギリシャ文字は9章をみてください）抵抗率を示し、単位体積あたりの抵抗を表します。電線の場合、長さl〔m〕、断面積S〔mm²〕とすると、ρ〔Ω·mm²/m〕となり、普通の硬銅線で1/55、軟銅線で1/58、硬アルミ線で1/35です。

λ（ラムダ）は抵抗率の逆数で導電率といいます。ある導体の導電率λと、万国標準軟銅（20℃で1/58 Ω·mm²/m、比重8.89のもの）の導電率λ_Sとの比を%で表し、%導電率といいます。%導電率は軟銅線で97〜101%、硬銅線で96〜98%、硬アルミ線で61%です。

また、一般に抵抗は温度により変化します。温度上昇前の抵抗をR_0、温度上昇後の抵抗をR_tとすると次の関係で示されます。

$$R_t = R_0 (1 + \alpha_t t)$$

ここで、α_tをt℃における抵抗温度係数といい、tは上昇温度〔℃〕です。標準軟銅の温度係数は

$$\alpha_t = \frac{1}{234.5 + t}$$

となります。これは、$t = 0$、つまり0℃のとき、α_0は1/234.5となります。左から12345と並ぶので、とても覚えやすい数字です。一般には、20℃の値を用いますので、$\alpha_{20} = 1/254.5 = 0.00393$

となります。温度係数の式から、次のようなことがわかります。
　①抵抗と温度係数がわかれば、任意の温度差が求められる。
　②抵抗と温度差がわかれば、温度係数が求められる。
　①を応用すると、かなり精密な温度計がつくれます。

電気抵抗の性質

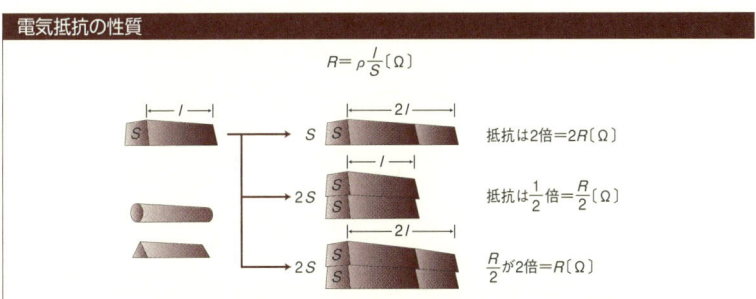

％導電率

抵抗温度係数

どちらが先か？　電力と電力量

　電気が行なう仕事の量を電力量といい、単位時間あたりの電力量を電力といいます。でも、一般には電力を理解してから電力量を考えた方がわかりやすいようです。

　電気回路で電気エネルギーの発生または消費が行なわれるとき、その仕事の時間あたりの割合、すなわち電気が行なう仕事の速さを電力といい、毎秒1ジュール〔J/s〕の電力を1ワット〔W〕といいます。電圧 V〔V〕、電流 I〔A〕、負荷抵抗が R〔Ω〕の場合、電力 P〔W〕は

$$P = VI = I^2 R = V^2/R$$

となります。なお、動力関係では今でも時々馬力〔HP〕という単位を用いますが

$$1\mathrm{HP} = 746\mathrm{W} ≒ 3/4\mathrm{kW}$$

の関係があります（仏馬力では736W）。

　電気が行なう仕事の量を電力量といい、P〔W〕の電力が t 秒〔s〕間続いたときの仕事量は

$$W = Pt = VIt \text{ジュール}〔\mathrm{J}〕\text{または}〔\mathrm{Ws}〕$$

です。時間を T 時間〔h〕とすれば、この式は

$$W = VIT \text{ ワットアワー}〔\mathrm{Wh}〕$$

となります。

　導線に電流が流れているとき、その中で消費するエネルギー（電力量）はすべて熱エネルギーに変わります。

$$W = VIt = I^2 Rt \ 〔\mathrm{Ws}〕$$

　この関係式をジュールの法則といいます。そして、この熱はジュール熱と呼ばれています。

どちらが先か？　電力と電力量

電力の式

（名探偵の推理…）

彼はVIの仕事をしています

僕は $\dfrac{V^2}{R}$ だと思う

仕事部屋

彼は I^2R の仕事をしている

電力 $P = VI = I^2R = \dfrac{V^2}{R}$ で、みんな正しいんだ

ジュール熱

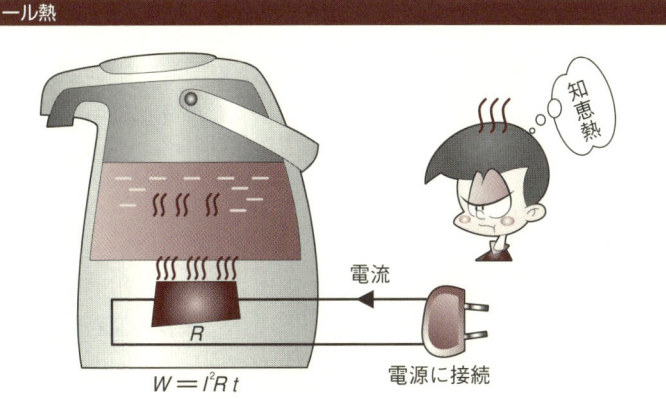

電流

電源に接続

知恵熱

$W = I^2 R t$

変化を阻止！ インダクタンスと静電容量

何事にも、変化しようとするとそれと反対の働きがあるものですが、電気回路でも同様の働きがあります。それが、インダクタンス L と静電容量 C です。

インダクタンスは、電流の変化に対して、電流が変化しにくいように働き、その単位はヘンリー〔H〕です。ある瞬間の電圧を v、電流を i とすると、インダクタンス L の電圧 v_L は、電流 I が時間的に変化するときに発生し、以下のように表されます。

$$v_L = L \frac{di}{dt}$$

なにやら、難しい式ですが、ここで、di/dt は電流 i の微分で、ある微小な時間 t における電流 i の変化の度合い（変化率）を示します。したがって、電流が時間的に変化しようとするときに、この電流が変化をしないようにと、インダクタンス L に比例した電圧が発生するのです。インダクタンスの働きを電磁誘導といい、コイルにおいて発生する電圧を誘導起電力といいます。

静電容量は電圧の変化に対して、電圧が変化しにくいように働き、その単位はファラド〔F〕です。インダクタンスと同じように、静電容量の電流 i_C は

$$i_C = C \frac{dv}{dt}$$

となり、静電容量 C の両端の電圧の変化に比例して、電圧が変化しにくいように電流を流します。なお、この現象は静電容量が電荷 Q クーロン〔C〕を蓄えることにより発生し、$Q = CV$ の関係があります。静電容量の電荷を蓄える働きを静電誘導といい、代表的なものはコンデ

変化を阻止！ インダクタンスと静電容量

ンサです。こちらのほうが有名かもしれません。

コイルとコンデンサの働きぶりは…

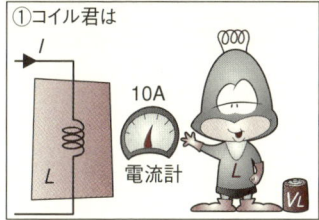
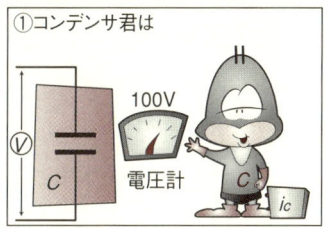
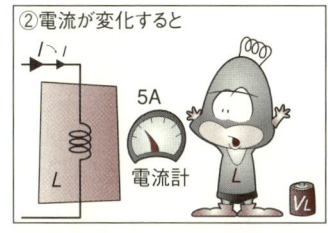

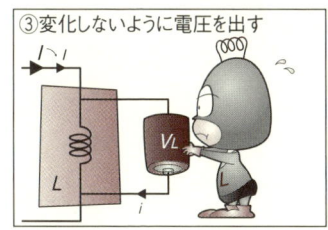
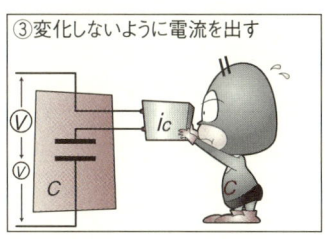

※実際は、コイルもコンデンサもエネルギーを自分自身に蓄えて、変化したときにそれを放出する。

インダクタンスにおける二人の関係

インダクタンス L は、正式には自己インダクタンスといい、自己インダクタンスによる電磁誘導を自己誘導といいます。

2個のコイルPとSを接近しておいて、片方のコイルPの電流 i を変化させると、電磁誘導作用によりもう一方のコイルSに起電力が発生します。これを相互誘導といいます。この原理を応用したものが変圧器です。この誘導起電力を e とすると

$$e = M \frac{di}{dt}$$

で示されます。ここで M を相互インダクタンスといい、単位は自己インダクタンスと同様ヘンリー〔H〕です。

コイルPの自己インダクタンスを L_1、コイルSの自己インダクタンスを L_2 (コイルSも自分のインダクタンスを持っています)、それぞれのコイルの巻数を N_1、N_2 とすると

$$MN_1 = N_2 L_1 〔H〕、 MN_2 = N_1 L_2 〔H〕$$

の関係があります。つまり、相互インダクタンス M は2つのコイルの関係を表し、Pからみた場合でもSからみた場合でも同じ値ということです。

上の式の N_1、N_2 を消去すると

$$M^2 = L_1 L_2、 つまり M = \sqrt{L_1 L_2} となります。$$

しかし、実際には電磁誘導の素となる磁束には、コイルを通過しない漏れ磁束による損失があるので、M は $\sqrt{L_1 L_2}$ より小さくなります。このとき、$\alpha = M/\sqrt{L_1 L_2}$ を結合係数といい、コイルの電気的な効率(正式には電磁的な結合度合いといいます)を示します。

相互インダクタンス

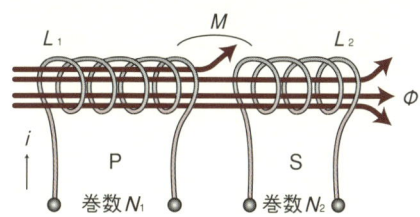

① 電流 i によって生じる磁束 ϕ が、コイルSにも届く。

② i が変化すると、ϕ が変化するから、これによりコイルSに起電力を誘導する。

MとLの関係

① どちらから見ても、M は同じ

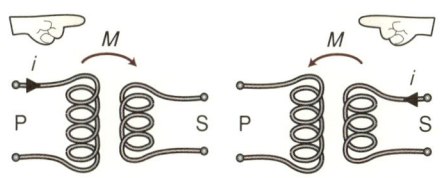

「どちらから見ても同じ…」

② $MN_1 = N_2 L_1$

　㋐ Pに1Aを流して、磁束 ϕ_1 が発生したとき $L_1 = N_1 \phi_1$
　㋑ ϕ_1 は、コイルSの中を通るので、$M = N_2 \phi_1$

$$M = N_2 \phi_1 = N_2 \cdot \frac{L_1}{N_1}$$

$$\therefore MN_1 = N_2 L_1$$

※ インダクタンスは、巻数Nの2乗に比例します。

2

正弦波交流

　電気回路には直流回路と交流回路があります。そして、奥が深いのは交流回路の方です。「全然面白くない！　なにやら難しいだけ」と感じる読者もいるかもしれませんが、でも本当は面白いのです。難しいと感じること自体が、不思議な世界が出現することを予感させてくれます。この章で、ぜひ壮大な電気回路の長編小説を味わってみてください。いろいろな個性を持った、たくさんの登場人物が出てきますし、そのストーリーには感心してしまいます。

正弦波交流の謎

電圧と電流が時間的に変化するもののうち、最も基本的なものは正弦波交流です。正弦波交流は、図のように電圧や電流がプラスからマイナスへ交互に規則正しく変化します。

なぜ規則正しいかといえば、交流発電機のコイルが平等磁界の中を回転しているとき、磁束と直角方向の速度に比例して電圧を発生するからです。コイルの回転角を θ（シーター）とすると、起電力 e は

$$e = E_m \sin\theta \quad [V]$$

となります。ここで、E_m は電圧の最大値です。

ここで角度 θ の単位は、通常の三角関数では直角を90°とする60分法という単位を用いますが、特に発電機のようにくるくる回転しているような電気回路の場合は、一周360°を 2π ラジアン〔rad〕とする、弧度法という単位を使用します。

発電機のコイルが1秒間に何ラジアン回転するかを表すことを角速度といい、オメガ ω〔rad/s〕と書きます。ですから、θ〔rad〕回転するのに t 秒〔s〕かかったとすると、$\theta = \omega t$ となるので、上式は

$$e = E_m \sin\omega t \quad [V]$$

となります。つまり、コイルに誘起する起電力 e は、最大値を E_m とする正弦波となり、これを正弦波交流というのです。

この交流の θ が0から 2π までに要する時間を周期 T といい、1秒間に繰り返す回数（すなわち周期の数）を周波数 f といいます。周波数はヘルツ〔Hz〕という単位で示します。したがって、$\omega = 2\pi f$、$T = 1/f$〔s〕の関係があります。

日本の周波数は、富士川を境とし、東日本で50Hz、西日本で60Hzです。

正弦波交流の謎

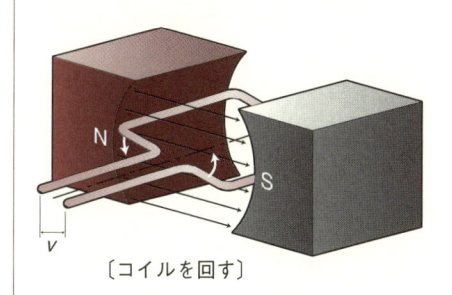

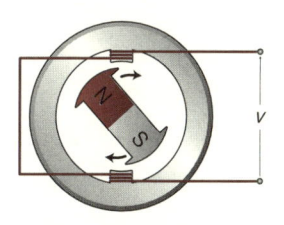

交流発電機の原理

〔コイルを回す〕　　〔磁極（磁石）を回す〕

交流電圧

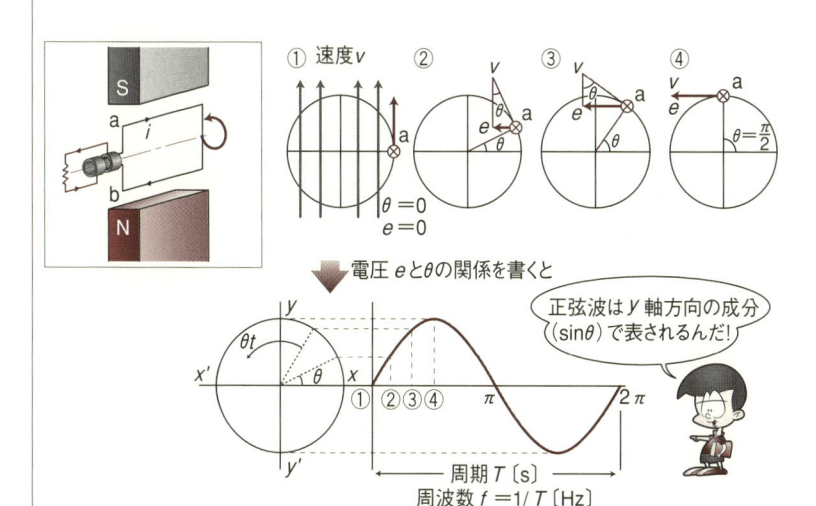

① 速度 v　② ③ ④　$\theta = 0$, $e = 0$　　$\theta = \pi/2$

▼ 電圧 e と θ の関係を書くと

正弦波は y 軸方向の成分 ($\sin\theta$) で表されるんだ！

周期 T 〔s〕
周波数 $f = 1/T$ 〔Hz〕

# 面積から求める平均値

　正弦波交流は、その大きさが常に変化しますから、最大値を考えてもあまり意味がなく、時間的な平均を考えた方が実用的です。瞬時瞬時で変化する、その瞬間の交流値を瞬時値といいます。正弦波交流の平均値は瞬時値の1周期における和の平均で表します。

　ただし、正弦波交流では正の部分と負の部分が等しく、1周期の平均は零になってしまうので、半周期の平均を取ります。

　平均値の算出は、本来は積分という方法を使うのですが近似的に三角法により考えてみましょう。図のようにある波形の平均値は、その波形と等しい面積の四角形の高さで表すことができます。

　正弦波の半波の面積は、図の微小面積

$$i \Delta \theta = I_m \sin \theta \cdot \Delta \theta$$

を、$\theta = 0$からπまで集めたものです。ここで、円に極めて近い多角形を考えると、$I_m \cdot \Delta \theta$は図のab、$I_m \sin \theta \cdot \Delta \theta$は図のacという横軸に平行な直線に相当します。ですから、acを$\theta = 0$から$\theta = \pi$まで集めたものが半波の面積となりますから、これは円の直径$2I_m$となります。この面積$2I_m$を横軸の長さπで割ったものが正弦波の平均値です。したがって

$$I_a = \frac{2}{\pi} I_m = 0.637 I_m$$

となります。

　三角波や方形波など正弦波以外の交流波形の平均値も同様に求めます。なお、交流回路の計算で実際に用いられるのは次に説明する実効値の方で、平均値は用いられません。

面積から求める平均値

交流の平均値

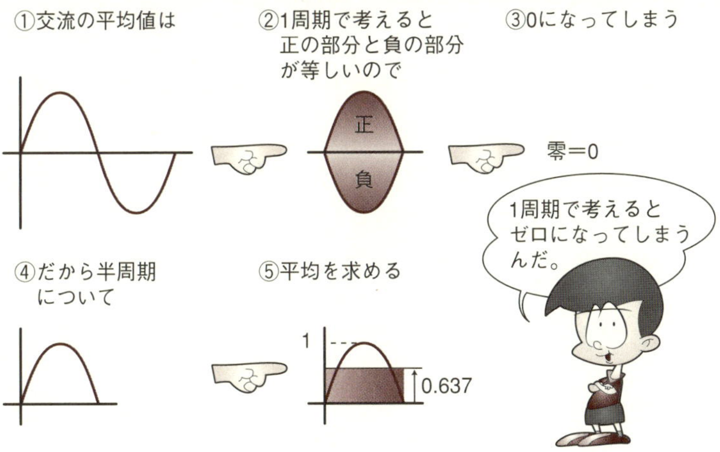

① 交流の平均値は

② 1周期で考えると正の部分と負の部分が等しいので

③ 0になってしまう

零＝0

1周期で考えるとゼロになってしまうんだ。

④ だから半周期について

⑤ 平均を求める

0.637

平均値の求め方

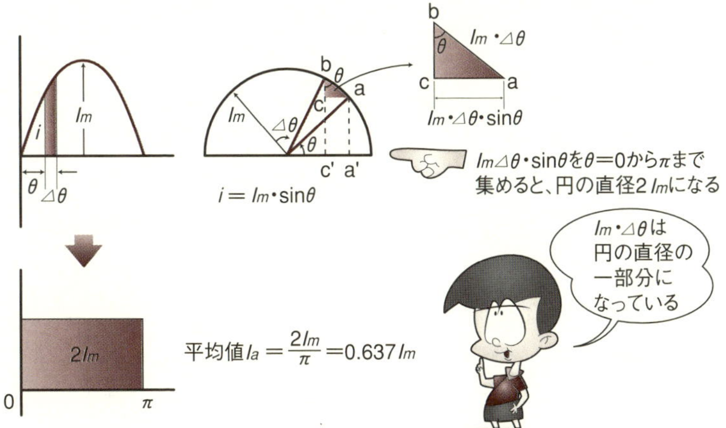

$i = I_m \cdot \sin\theta$

$I_m \triangle\theta \cdot \sin\theta$ を $\theta=0$ から π まで集めると、円の直径 $2I_m$ になる

$I_m \cdot \triangle\theta$ は円の直径の一部分になっている

平均値 $I_a = \dfrac{2I_m}{\pi} = 0.637 I_m$

回路計算の主役　実効値

　ある抵抗Rに交流を通じて発生する熱エネルギーWが、その抵抗にI_e〔A〕の直流を同じ時間流したときに発生する熱エネルギーに等しいとき、このI_eを、この交流の実効値といい、交流回路ではこの値を計算に使用します。まさに、回路計算の主役です。

　実効値の意味を考えましょう。直流をT〔s〕間流すと、熱エネルギーは次式で示されます。

$$W = I_e^2 RT 〔J〕$$

同様に、正弦波交流の場合、周期T〔s〕をn個の微小な時間Δtに分解して考えると、発生する熱エネルギーは次のとおりです。

$$W = (i_1^2 \Delta t + i_2^2 \Delta t + i_3^2 \Delta t + \cdots + i_n^2 \Delta t)R 〔J〕$$
$$I^2 RT = (i_1^2 + i_2^2 + i_3^2 + \cdots + i_n^2) \Delta t \cdot R$$
$$= (i_1^2 + i_2^2 + i_3^2 + \cdots + i_n^2) T/n \cdot R$$
$$\therefore I = \sqrt{\frac{i_1^2 + i_2^2 + i_3^2 + \cdots + i_n^2}{n}}$$

　したがって、交流の実効値は、瞬時値を2乗した平均の平方根となります。つまり、2乗するということは、電力の式で電流を2乗することと同じであり、平均値を平方根にすることは、2乗の値を、2乗する前の電流値に戻してあげるということです。このように電力の計算式に等しい電流に戻したものが実効値なのです。

　ここで正弦波電流$i = I_m \cdot \sin \omega t$の$\sin \omega t$部分に注目し、$\sin \omega t$を$\sin \theta$に置き換えて2乗すると、$\sin^2 \theta$になります。これは

$$\sin^2 \theta = 1/2 (1 - \cos 2\theta) = 1/2 - 1/2 \cdot \cos 2\theta$$

に変換できます。すると、第二項は正弦波で1周期の平均は零になり、第1項の1/2のみが残ります。これを平方根にしますから、実効値は

回路計算の主役 実効値

$$I = \sqrt{\frac{I_m{}^2}{2}} = \frac{I_m}{\sqrt{2}} = 0.707 I_m \text{ [A]}$$

逆に、$I_m = \sqrt{2} I$ となり、実効値を $\sqrt{2}$ 倍すると正弦波電流の最大値になります。これはとても大切な性質です。

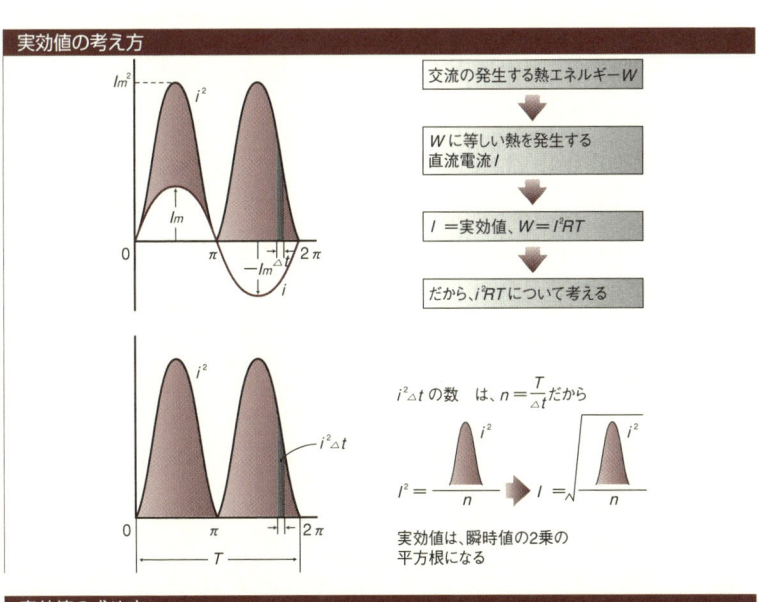

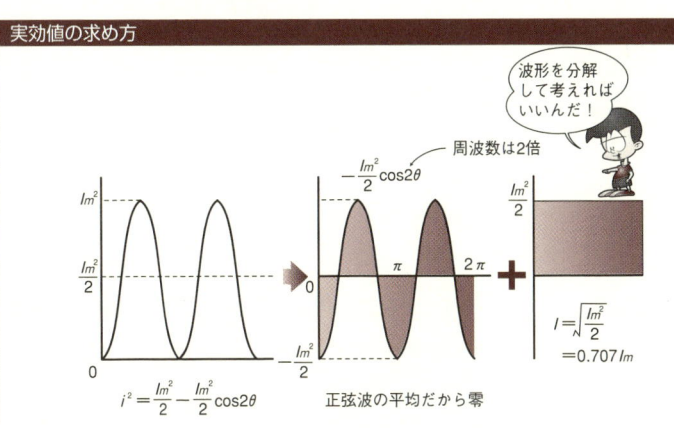

実効値の考え方

交流の発生する熱エネルギー W

↓

W に等しい熱を発生する直流電流 I

↓

I ＝実効値、$W = I^2 R T$

↓

だから、$i^2 R T$ について考える

$i^2 \triangle t$ の数 は、$n = \dfrac{T}{\triangle t}$ だから

$$i^2 = \frac{}{n} \Rightarrow I = \sqrt{\frac{}{n}}$$

実効値は、瞬時値の2乗の平方根になる

実効値の求め方

波形を分解して考えればいいんだ！

周波数は2倍

$-\dfrac{I_m{}^2}{2} \cos 2\theta$

$\dfrac{I_m{}^2}{2}$

$i^2 = \dfrac{I_m{}^2}{2} - \dfrac{I_m{}^2}{2} \cos 2\theta$

正弦波の平均だから零

$$I = \sqrt{\dfrac{I_m{}^2}{2}} = 0.707 I_m$$

交流における二人の関係　位相差

　発電機において、コイルaに対し、θ〔rad〕だけ進んだコイルbおよびθ〔rad〕だけ遅れたコイルcを考えてみましょう。a、b、cとも同じ角速度ωを持っていますから、それぞれの起電力は

　　$e_a = E_m \sin \omega t$
　　$e_b = E_m \sin(\omega t + \theta)$
　　$e_c = E_m \sin(\omega t - \theta)$

で表されます。このとき、a、b、cのωt、$(\omega t + \theta)$、$(\omega t - \theta)$を位相といいます。通常$(\omega t + \theta)$の形を基本としています。ωtは$\theta = 0$と考えればいいですね。そして、この位相の差が位相差θ_0です。位相差は、相差または位相角ともいいますが、みな同じことです。したがって、e_aとe_bでは

　　$\theta_0 = 0 - \theta = -\theta$

　e_aとe_cでは

　　$\theta_0 = 0 - (-\theta) = \theta$

となり、$\theta_0 > 0$ならば進み、$\theta_0 < 0$ならば遅れ、$\theta_0 = 0$ならば同相であるということになります。つまり、

　①e_aはe_bより位相がθだけ遅れている
　②逆にいえばe_bはe_aより位相がθだけ進んでいる
　③同じようにe_cはe_aより位相がθだけ進んでいる

といいます。なお、このとき、周波数はともに等しいことに留意してください。

　位相の関係は、電圧と電流の関係についても同様のことがいえます。例えば、電圧に対してθだけ位相が遅れているような電流は遅れ電流といい、進んでいる場合は進み電流といいます。

交流における二人の関係　位相差

位相差

（b君）「君は θ だけ遅れているよ！」

（a君）「いや、君が θ だけ進んでいるんだ！」

（地球は丸い）

位相角 θ

① a君を、$\sin\omega t$ とすると、b君は $\sin(\omega t+\theta)$ になり、位相が θ 進んでいる
② b君から見れば、a君は位相が θ 遅れている

電圧と電流の位相

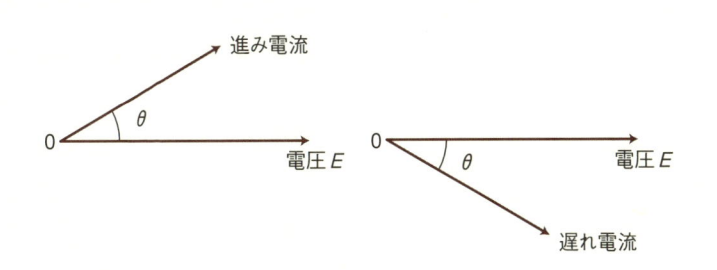

進み電流　θ　電圧 E

電圧 E　θ　遅れ電流

回転か静止か？　ベクトルの話

　時間や温度などのように大きさだけで方向を考えない量をスカラー量といい、力や速度、電流などのように大きさと方向を持つ量をベクトル量といいます。ベクトル量は$\dot{E}$（$\vec{E}$）や$\dot{i}$（$\vec{I}$）のように、記号の上に点（ドット）をつけたり、矢印をつけたりして表します。何もつけないときは、そのベクトルの大きさ（絶対値）を表します。

　$e = E_m \sin \omega t$の正弦波電流はE_mを最大値、角速度ωとして、反時計方向にぐるぐる回転しています。これを回転ベクトルといいますが、これからいろいろ計算をするのに、このままでは目が回ってしまいそうです。なお、回転ベクトルのある時点tでのY軸への投影は電圧eの値を表しています。

　この正弦波交流eにより流れる電流$i = I_m \sin(\omega t - \theta)$や回路の一部分に現れる電圧などはすべて周波数は同じで、位相差があるだけです。ですから、例えば、電車に乗って一番前の車両から一番後ろの車両を見るように、電圧eから電流を見ればいつも同じ位相差で、かつ電圧の大きさに比例して電流の大きさも変化しているので、静止したものとして扱うことができ、計算に大変便利なこととなります。これを静止ベクトルといいます。

　この場合の電圧eを基準ベクトルといい、水平軸上に一致させます。また、各ベクトルの大きさを実効値にすれば、実用上とても簡単にいろいろな計算ができます。このようにベクトルで電圧や電流の関係を示したものをベクトル図といいます。

　ベクトル量は、ベクトル図のX軸とY軸に投影した線分に分けて考えることができ、電力などのいろいろな計算にとても役に立ちます。

　なお、回転ベクトルは静止ベクトルを角速度ωで回転させたものとい

えます。

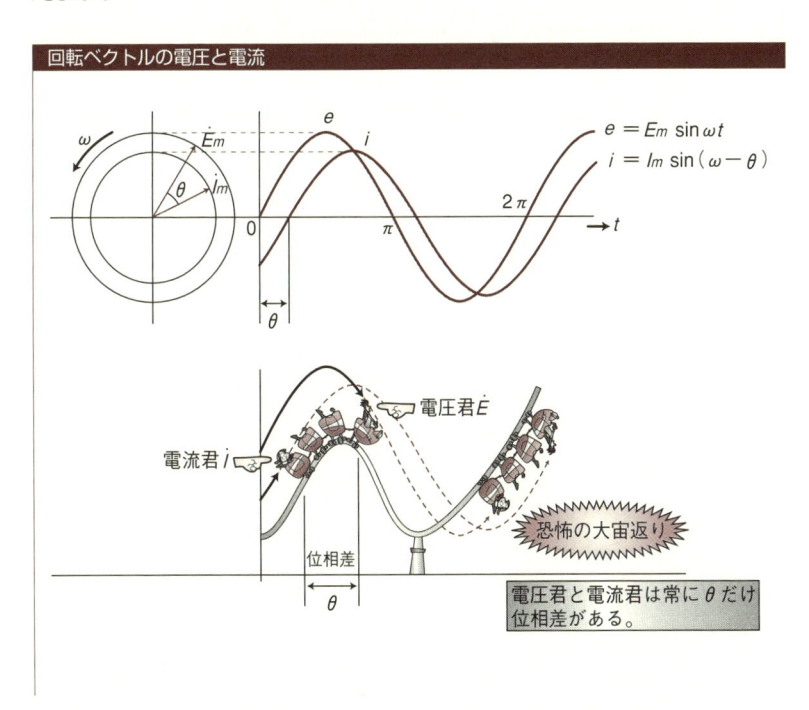

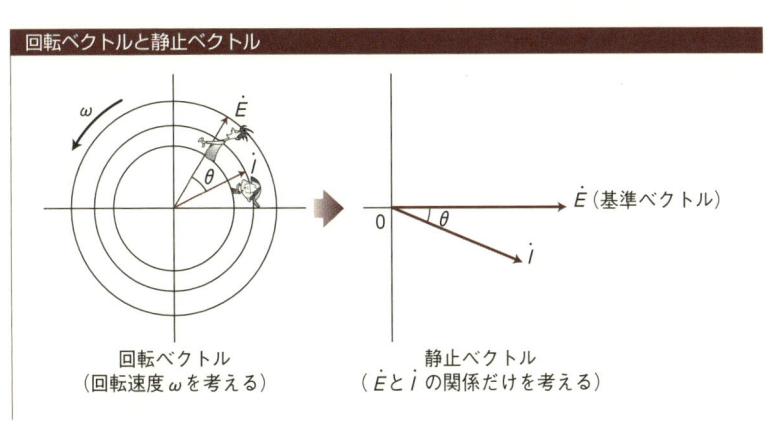

回転ベクトルの電圧と電流

$e = E_m \sin \omega t$
$i = I_m \sin(\omega - \theta)$

電圧君と電流君は常に θ だけ位相差がある。

恐怖の大宙返り

回転ベクトルと静止ベクトル

回転ベクトル
（回転速度 ω を考える）

静止ベクトル
（$\dot{E}$ と i の関係だけを考える）

図を数で示す・・・複素数の話

　ベクトル図は正弦波交流を理解するのに大変便利なのですが、これをこのまま数値で説明しようとすると、とても難しいことになってしまいます。このため、ベクトル図を複素数（ふくそすう）という新たな方法で表します。

　複素数は、X軸とY軸をもつ直角座標において、ベクトル$\dot{I}$のX軸、Y軸への投影量をそれぞれa、bとし、Y軸上の値にはjをつけたものです。

　こうすると、複素数$\dot{I}=a+jb$で示され、$\dot{I}$の大きさおよびX軸に対する角度は次のようになります。

$$I=\sqrt{a^2+b^2}$$

$$\theta=\tan^{-1}\frac{b}{a}$$

　複素数$a+jb$において、aを実数部、bを虚数部（きょすう）といい、jは$\sqrt{-1}$で表します。$j=\sqrt{-1}$の演算はとても重要ですから、しっかり覚えてください。その他の複素数計算は代数の計算とまったく同じです。

$$j=\sqrt{-1}$$
$$j^2=(\sqrt{-1})^2=-1$$
$$j^3=j^2\times j=-1\times\sqrt{-1}$$
$$j^4=j^2\times j^2=1$$

　虚数は4乗してはじめて正数1になります。また、正数1に対してjを掛けていくと、ベクトル図上では、90°ずつ、反時計回りに移動していくことも理解してください。

図を数で示す···複素数の話

複素数によるベクトル表示

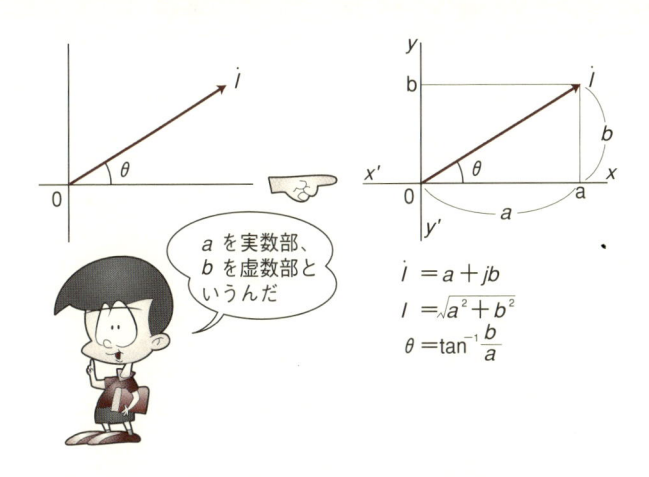

$i = a + jb$
$I = \sqrt{a^2 + b^2}$
$\theta = \tan^{-1}\dfrac{b}{a}$

a を実数部、b を虚数部というんだ

複素数の計算

$j^2 = -1$
$j^3 = -\sqrt{-1}$
$j = \sqrt{-1}$
$j^4 = 1$

虚数を掛けていくと90°ずつ進むんだ!

掛け算はこれが便利···極座標の話

複素数（ベクトル）$\dot{I} = a + jb$において、$a = I\cos\theta$、$b = I\sin\theta$と表すことができます。したがって

$$\dot{I} = a + jb = I(\cos\theta + j\sin\theta)$$

となりますね。

ここで

$$\cos\theta + j\sin\theta = \varepsilon^{j\theta}$$

という公式を利用します。これはオイラーの公式といいます。とても大切でたくさん活躍する公式です。なお、εはイプシロンと読み、自然対数の底数で、$\varepsilon = 2.71828\cdots$です。

オイラーの公式を利用すると、ベクトルIは

$$\dot{I} = I\varepsilon^{j\theta} = I\angle\theta$$

となります。ここで$I = \sqrt{a^2 + b^2}$、$\theta = \tan^{-1} b/a$です。

すなわち$I\varepsilon^{j\theta}$は、大きさがIで、その進み位相角（偏角ともいいます）がθのベクトルを示しています。遅れの場合は、$I\varepsilon^{-j\theta} = I\angle -\theta$と書きます。このように表したベクトルを極座標表示といいます。

極座標表示では、ベクトル$\dot{I}_1 = I_1\varepsilon^{j\theta_1}$、$\dot{I}_2 = I_2\varepsilon^{j\theta_2}$とすると指数法則により

$$\dot{I}_1 \times \dot{I}_2 = I_1\varepsilon^{j\theta_1} \times I_2\varepsilon^{j\theta_2} = I_1 I_2 \varepsilon^{j(\theta_1 + \theta_2)}$$
$$(\dot{I}_1 \div \dot{I}_2 = I_1\varepsilon^{j\theta_1} \div I_2\varepsilon^{j\theta_2} = I_1/I_2 \varepsilon^{j(\theta_1 - \theta_2)})$$

と計算できます。つまり$\dot{I}_1 \times \dot{I}_2$は、絶対値は各々の絶対値の積（商）$I_1 \times I_2$、その位相角は、各々の位相角の和（差）$\theta_1 + \theta_2$になるということです。（ ）は割り算（商）の場合です。このように、ベクトルを極座標表示で計算すると、乗除算が非常に簡単になります。

また、$\varepsilon^{j\theta} = \cos\theta + j\sin\theta$の絶対値は$\sqrt{\cos^2\theta + \sin^2\theta} = 1$です

掛け算はこれが便利…極座標の話

から、$\varepsilon^{j\theta}$を掛けることは、絶対値の大きさはそのままで、位相差をθだけ進めることになります。この$\varepsilon^{j\theta}$を単位ベクトルといいます。

極座標表示にオイラーの公式を活用

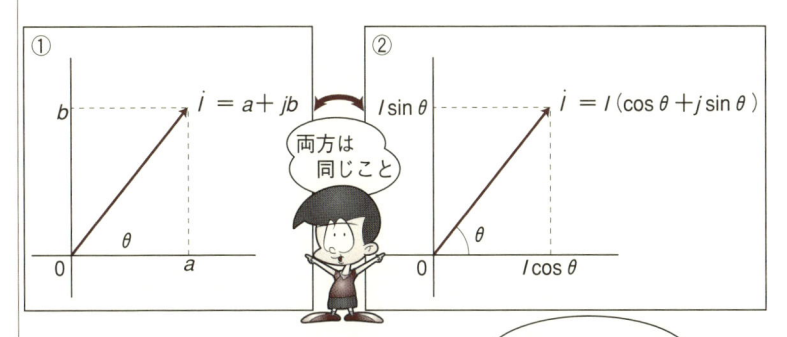

① $\dot{i} = a + jb$

② $\dot{i} = I(\cos\theta + j\sin\theta)$

両方は同じこと

③ オイラーの法則

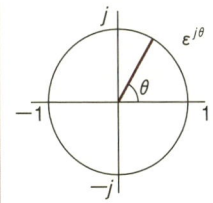

$\varepsilon^{j\theta}$は、大きさ1の円だから
$\dot{i} = I\varepsilon^{j\theta}$となる

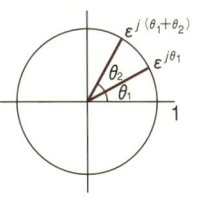

指数法則から
$\varepsilon^{j\theta_1} \times \varepsilon^{j\theta_2} = \varepsilon^{j(\theta_1+\theta_2)}$

オイラ（俺）ーの公式でもベクトルを表すことができるんだ

オイラーの公式の掛け算では、位相差が足し算になるから、とても便利になる

ベクトル計算の三種の神器

　今まで、正弦波交流の扱いに関して以下のようないろいろな方法を説明してきました。
　①三角法（関数）で表す（$\sin \omega t$ または $\sin \theta$）
　②複素数で表す（$a + jb$）
　③極座標で表す（$\varepsilon^{j\theta}$）

　回路計算においては、これらは結局のところ、ある1つの求めるべき答に対する便利なツール（道具）といえると思います。そして、結果はみな同じもの、同じところにたどり着きます。ですから、これから先の回路計算において、皆さんがどの道具を選ぶかは自由なのです。まず、どれか1つを好きになり、長く付き合うことが大切だと思います。

　また、それぞれの方法に特徴がありますので、それぞれ使い分けてもいいでしょう。たとえば、

　①三角法は、小学校の頃から、ずっと勉強しているので最もなじみやすいし、ベクトルと三角形の扱いはとても似ています。

　②複素数は計算力に自信があれば、あまり悩まずに代数計算と同じに解けますし、複雑な回路計算では最も有利です。

　③極座標は位相差がすぐ求められるから、位相差に関係した回路計算にはとても便利です。

などです。

　ただし、これらはすべてベクトルを扱うということですから、ベクトル図で示すということがいずれも大切です。本書も、限られた紙面ですが、なるべくベクトル図で示したいと思います。

　なお、正弦波交流の計算で時間 t（正弦波関数）を含まない計算は、便宜上の計算手法であり、あくまでも普通（定常状態）の場合の簡便

法であることも覚えておきましょう。蛇足ですが、電気回路の本質的な計算は、定係数微分方程式という、なにやらこわい方程式の解を求めることです。

ベクトル計算の方法

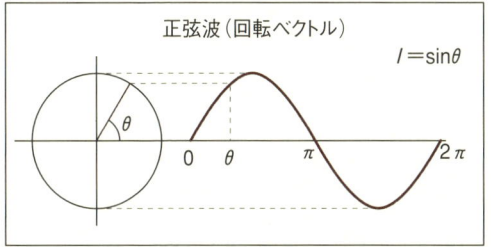

正弦波（回転ベクトル）

$I = \sin\theta$

①計算には静止ベクトルが便利だよ。

②計算方法は上手に使い分けるんだ。

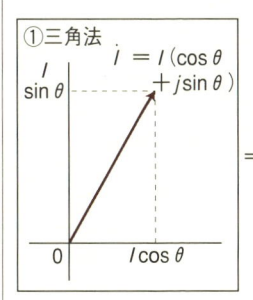

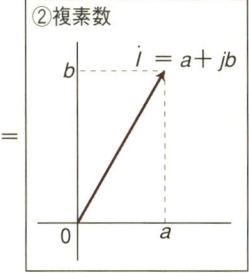

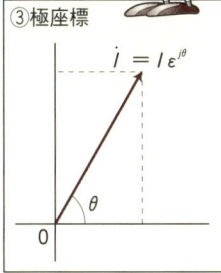

①三角法

$$\dot{i} = I(\cos\theta + j\sin\theta)$$

②複素数

$$\dot{i} = a + jb$$

③極座標

$$\dot{i} = I\varepsilon^{j\theta}$$

直流と比べてみよう！　Rのみの回路

電圧E、電流I、抵抗Rの回路は、オームの法則から$E=RI$ですね。でも、今までは、直流を前提に考えてきました。正弦波交流回路では、果たして成り立つのでしょうか。平均して0なんかにならないか心配です。

ということで、交流でのオームの法則を確認してみましょう。抵抗Rに正弦波電圧$e=E_m\sin\omega t$を加えた場合の電流iは

$$i = \frac{e}{R} = \frac{E_m}{R}\sin\omega t = I_m\sin\omega t$$

ここで電流の最大値は$I_m = \frac{E_m}{R}$

となります。すなわち、iはeと同相の正弦波です。

また、電圧eおよび電流iの実効値は、$E=E_m/\sqrt{2}$、$I=I_m/\sqrt{2}$ですから、これをI_mの式に代入すると

$$I = \frac{\sqrt{2}E}{\sqrt{2}R} = \frac{E}{R} \quad 変形して E=RI$$

となります。つまり、実効値で示した場合、その大きさはオームの法則と同じ形になっています。そして、この関係をベクトル記号では

$$\dot{I} = \frac{\dot{E}}{R} \quad \therefore \quad \dot{E} = R\dot{I}$$

と表します。

実効値のところでも、実効値は交流回路計算の主役と書きましたが、このように電圧と電流の実効値で、オームの法則の形が使えるということがとても大切なのです。逆にいえば、実効値でなく平均値を使った場合は、オームの法則がそのままでは使えないということなのです。

直流と比べてみよう！　Rのみの回路

R回路の計算

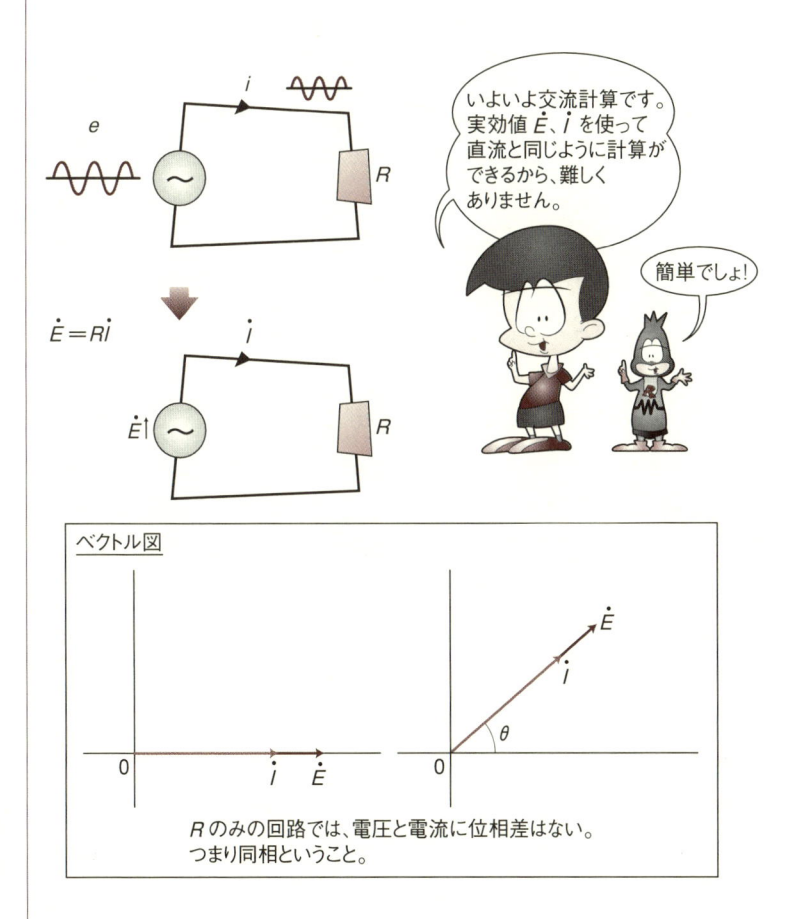

$\dot{E} = R\dot{I}$

> いよいよ交流計算です。実効値 $\dot{E}$、$\dot{I}$ を使って直流と同じように計算ができるから、難しくありません。

> 簡単でしょ！

ベクトル図

Rのみの回路では、電圧と電流に位相差はない。
つまり同相ということ。

なぜ遅れる？ Lの回路電流

自己インダクタンスLの性質は前章で説明しましたが、ここでは、Lに正弦波電圧eを加えた場合の電流を考えてみましょう。

正弦波電圧eを加えて、正弦波電流iをインダクタンスLの回路に流します。iは常に変化していますからLの作用により自己誘導起電力vが発生します。

これを自己誘導起電力vの式に当てはめてみましょう。起電力は微分式で微小な時間における電流の変化率di/dtに比例します。

$$v = L\frac{di}{dt}$$

ここで、vはeとはキルヒホッフの法則から同相で反対方向の向きであり、大きさは同じです。つまり、$e-v=0$または$e=v$となります。

正弦波電流iは最大値になったとき、電流の変化率は0となるので、このときのvは0となります。変化率に注目すれば、この電流はちょうどボールを空に向かって投げて一番高く上がった点（$t=π/2$）が、ボールが下に落下し始める変換点になるのと同じです。

ですから、今度は印加した電圧eを基準にして考えると、iの曲線は$e=$最大で$i=0$、$e=0$で$i=$最大となります。つまり、インダクタンスの電流iは、電圧eより$π/2$遅れることになります。逆にいうと、電圧は電流より$π/2$進むことを示しています。

これを数式で表すと次のようになります。

$e = E_m \sin ωt$

$i = I_m \sin(ωt - π/2)$

インダクタンスLの電流

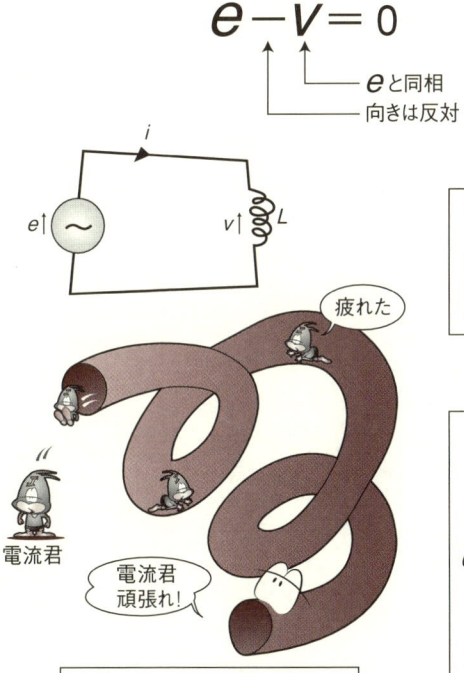

$$e - v = 0$$

- eと同相
- 向きは反対

> コイルは、電流が減少しようとすると、電圧を発生して減少しないようにします。
> 逆に、電流が増加しようとすると、増加しないようにします。

疲れた
電流君
電流君頑張れ！

> 実際は、電流が流れると磁束が生じ、ファラデーの法則で電圧が発生します。

電圧君　スピードは変えない
$\frac{\pi}{2}$
電流君

> コイルの中では、電圧を出して電流を応援してます。だから、電圧は$\pi/2$だけ位相が進んでいます。

なぜωがつくか？　リアクタンスωL

　Lの誘導起電力vはeに対して向きが逆で、Lのみの回路では抵抗$R=0$ですから$e-v=Ri=0$、つまり$e=v$となり、eとvは同相で、大きさも同じということを前のページで示しました。

　さて、交流回路ではインダクタンスLはそのままの形では使用しません。インダクタンスの電流Iは、$\pi/2$遅れていることはわかりましたが、Lの回路における電圧と電流は平均値と実効値から、どのような関係になるのか考えてみましょう。途中はちょっと複雑ですが我慢してください。

　まず、半周期において電流は$+I_m$から$-I_m$まで変化しますから、その変化量は$I_m-(-I_m)=2I_m$です。半周期は$1/2f$ですから、1秒間の電流の変化の割合の平均di/dtは、次のようになります。

$$\frac{di}{dt}=\frac{2I_m}{\frac{1}{2f}}=4fI_m$$

そして、電圧$e=v$の平均値は$(2/\pi)V_m$で、これも半周期の値ですから、電流変化による自己誘導起電力の平均V_aは

$$V_a=\frac{2V_m}{\pi}=L\frac{di}{dt}=4fLI_m$$

$$\therefore V_m=2\pi fLI_m$$

この式に実効値$V=V_m/\sqrt{2}$、$I=I_m/\sqrt{2}$を代入すると

$$V=2\pi fLI=\omega LI=X_L I$$

　この、$X_L=\omega L$を誘導リアクタンスといい、単位Ω（オーム）で示し、交流回路では主にこのX_Lのほうを使用します。これをベクトルで示すと次のようになります。電流側にjがついているので、電流は電圧より$\pi/2$だけ位相が遅れていることを示しています。

なぜωがつくか？ リアクタンスωL

$$\dot{V} = jX_L \dot{I} = j\omega L I$$

結果だけ見ると、非常にすっきりしましたね。

Lの電圧と電流の関係

① 電流を中心に考えると
電圧は90°進んでいる

② 電圧を中心に考えると
電流は90°遅れている

同じこと

$V = L\dfrac{di}{dt}$ の値

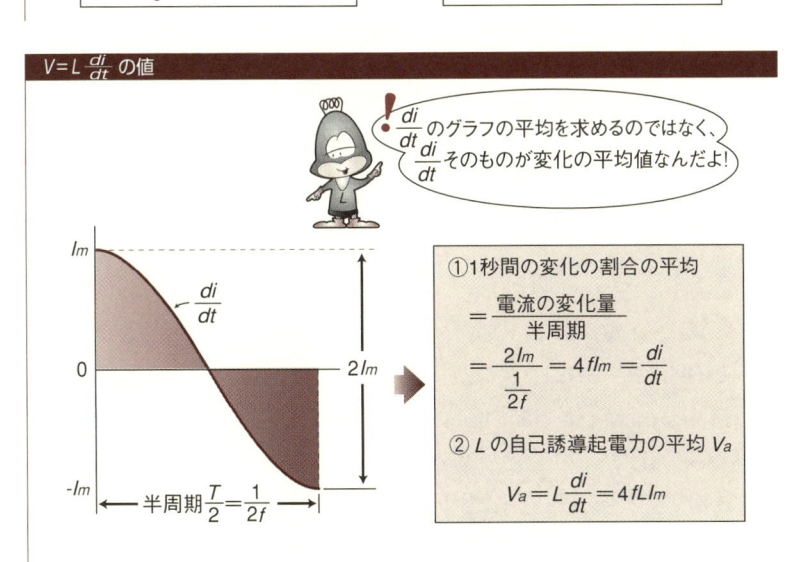

$\dfrac{di}{dt}$ のグラフの平均を求めるのではなく、$\dfrac{di}{dt}$ そのものが変化の平均値なんだよ！

半周期 $\dfrac{T}{2} = \dfrac{1}{2f}$

① 1秒間の変化の割合の平均

$$= \frac{\text{電流の変化量}}{\text{半周期}}$$

$$= \frac{2I_m}{\dfrac{1}{2f}} = 4fI_m = \frac{di}{dt}$$

② Lの自己誘導起電力の平均 V_a

$$V_a = L\frac{di}{dt} = 4fLI_m$$

電圧の平均 $V_a = \dfrac{2}{\pi}V_m$ （26ページ）

Lの起電力 $V_a = L\dfrac{di}{dt} = 4fLI_m$

$\dfrac{2}{\pi}V_m = 4fLI_m$
$V_m = 2\pi fLI_m$
$= \omega L I_m$
$= X_L I_m$

$\omega = 2\pi f$　　$X_L = \omega L = $ 誘導リアクタンス

なぜ進む？ Cの回路電流

　静電容量 C のコンデンサに正弦波電圧 e を加えた場合を考えてみましょう。L の説明と比較してみるとわかりやすいと思います。

　正弦波電圧 e を加えて、正弦波電流 i を静電容量 C の回路に流すと、電荷 q が蓄積されます。蓄積される電荷 q は

$$q = CV = CV_m \sin \omega t$$

となり、電荷 q は v と同相で、最大値は CV_m です。つまり、電荷 q は正弦波で変化しています。電流は $i = dq/dt$ ということで、電荷 q の変化率は電流を示します。dq/dt は L の式と同様、微分式で微小な時間における電荷の変化率のことです。

　これを静電容量の i の式に当てはめてみましょう。電荷 $q = CV$ ということに留意すれば

$$i = C \frac{di}{dt} = \frac{dq}{dt}$$

　L の式 $e = L\,(di/dt)$ で電流 i が電圧 e より $\pi/2$ 遅れたのと同じように、L の式の e にはコンデンサに流れる電流 i、L の式の i には電荷 q をあてはめると、電荷 q は電流 i より $\pi/2$ 遅れます。逆にいえば電流 i は電荷 q より $\pi/2$ だけ位相が進むことになります。そして電圧 e と電荷 q は同相ですから、電流 i は電圧 e より $\pi/2$ だけ位相が進むことになります。コンデンサの電流に関する三段論法です。

　これを数式で表すと次のようになります。

$$e = V_m \sin \omega t$$
$$i = I_m \sin (\omega t + \pi/2)$$

　なお、この電流はコンデンサに電荷を蓄えるために流れますから充電電流といいます。

なぜ進む？ C の回路電流

C の回路電流

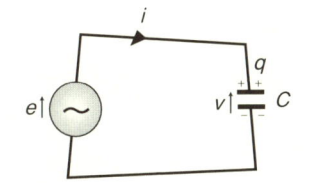

コンデンサは、交流電圧がプラスの時、電荷 q を蓄え、マイナスの時、放出します。この時、電荷 q の変化量が電流です。

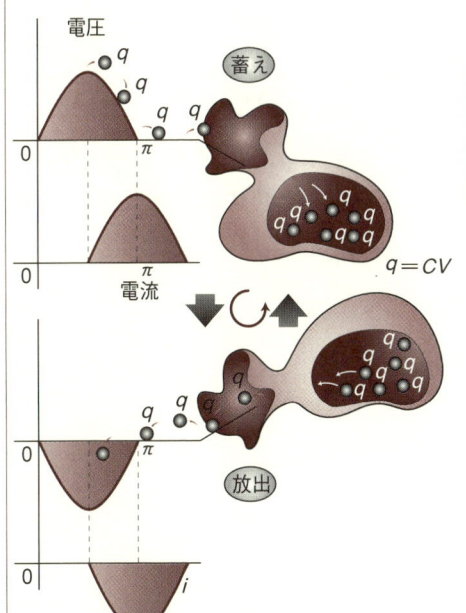

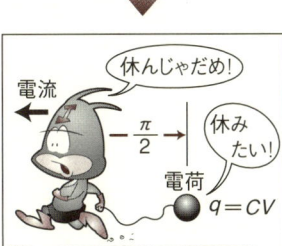

電流が電荷を引っ張っています。ですから、電流は $\pi/2$ だけ位相が進んでいます。

$q = CV$

休んじゃだめ！
休みたい！
電流
電荷

蓄え
放出
電圧
電流

Lとどう違う？ $1/\omega C$

次はωの話です。静電容量の電圧計算もLの場合と基本的には同じです。ただし、電流を基本に考えていきます。

電荷によりコンデンサの両端に現れる電圧vはeに対して向きが逆ですが、eとvは同相で、大きさも同じですね。

電流iは$\pi/2$進んでいますので、ベクトル的には静電容量Cには複素数$-j$の性格を持っていて、vを$\pi/2$遅らせ、eとvを同相にしているということになります。

それでは、Cの回路における電圧と電荷について考えてみましょう。1/4周期において電荷は0からCV_mまで変化します（1/2周期で考えると0から0となってしまうからです）。そして、その変化量はCV_mです。1/4周期は$1/4f$ですから、1秒間の電荷の変化の割合の平均は、次のようになります。

$$\frac{dq}{dt} = \frac{CV_m}{\frac{1}{4f}} = 4fCV_m$$

そして、電流iの平均値I_aは$(2/\pi)I_m$ですから

$$I_a = \frac{2I_m}{\pi} = C\frac{dq}{dt} = 4fCV_m$$

$$\therefore I_m = 2\pi fCV_m$$

この式に実効値$V = V_m/\sqrt{2}$、$I = I_m/\sqrt{2}$を代入すると

$$I = 2\pi fCV = \omega CV = V/X_C$$

この、$X_C = 1/\omega C$を容量リアクタンスといい、Lと同様に単位Ω（オーム）で示します。そして、これをベクトルで示すと次のようになります。$-j$がついているので、電流は電圧より$\pi/2$だけ位相が進んでいます。

$\dot{V} = -jX_c \dot{I} = -j\dfrac{1}{\omega C}\dot{I} \qquad \dot{I} = j\omega C \dot{V}$

これでインダクタンス L と同様だということが確認できました。

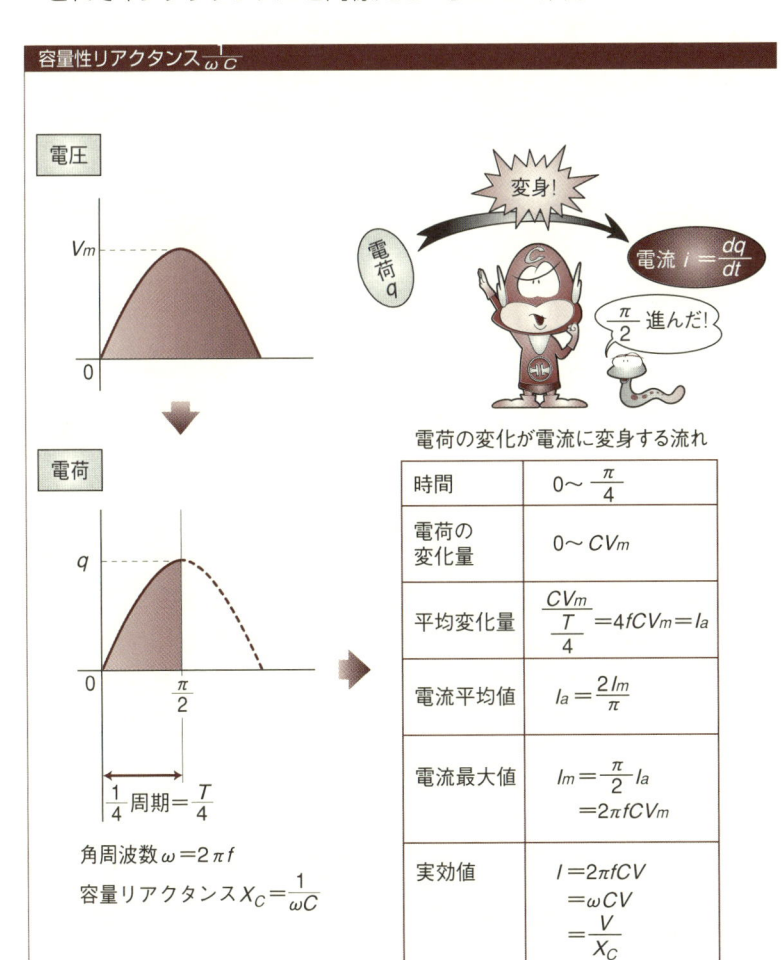

容量性リアクタンス $\dfrac{1}{\omega C}$

電圧

V_m

変身!

電荷 q → 電流 $i = \dfrac{dq}{dt}$

$\dfrac{\pi}{2}$ 進んだ!

電荷

q

$\dfrac{\pi}{2}$

$\dfrac{1}{4}$ 周期 $= \dfrac{T}{4}$

角周波数 $\omega = 2\pi f$
容量リアクタンス $X_C = \dfrac{1}{\omega C}$

電荷の変化が電流に変身する流れ

時間	$0 \sim \dfrac{\pi}{4}$
電荷の変化量	$0 \sim CV_m$
平均変化量	$\dfrac{CV_m}{\dfrac{T}{4}} = 4fCV_m = I_a$
電流平均値	$I_a = \dfrac{2I_m}{\pi}$
電流最大値	$I_m = \dfrac{\pi}{2}I_a$ $= 2\pi fCV_m$
実効値	$I = 2\pi fCV$ $= \omega CV$ $= \dfrac{V}{X_C}$

オームの法則 (2)

ある回路に交流電圧 $\dot{E}$ 〔V〕を加えたときの電流を $\dot{i}$ 〔A〕とすると、直流回路と同様にオームの法則が成り立ちます。

$$\dot{i} = \frac{\dot{E}}{\dot{Z}} \qquad \dot{E} = \dot{Z}\dot{i}$$

ここで $\dot{Z}$ はインピーダンスといいます。単位は抵抗と同様に〔Ω〕です。直流回路と異なる点は、通常電圧と電流の間には位相差があるということです。

オームの法則を、具体的にベクトル表示してみましょう。

$$\dot{E} = \dot{Z}\dot{i}$$
$$\dot{Z} = Z\varepsilon^{j\theta} = (Z\cos\theta) + j(Z\sin\theta)$$
$$= R + jX$$

ただし、$R = Z\cos\theta$、$X = Z\sin\theta$

ここで $\dot{Z}$ をベクトルインピーダンスといいます。実数部 R は抵抗分を示し、虚数分 X はリアクタンス分を示します。j が正の値ですので、$X > 0$ であれば誘導性(インダクタンスの性質)、$X < 0$ であれば容量性(静電容量の性格)となります。

また、$\dot{Z}$ の逆数 $\dot{Y}$ をベクトルアドミタンスと呼びます。

$$\dot{Y} = \frac{1}{\dot{Z}} = g + jb$$

実数部 g をコンダクタンス、虚数部 b をサセプタンスといいます。単位はジーメンス〔S〕で表します。

なお、もしオームの法則で悩んだ方は、10ページに戻って再確認して下さい。

オームの法則

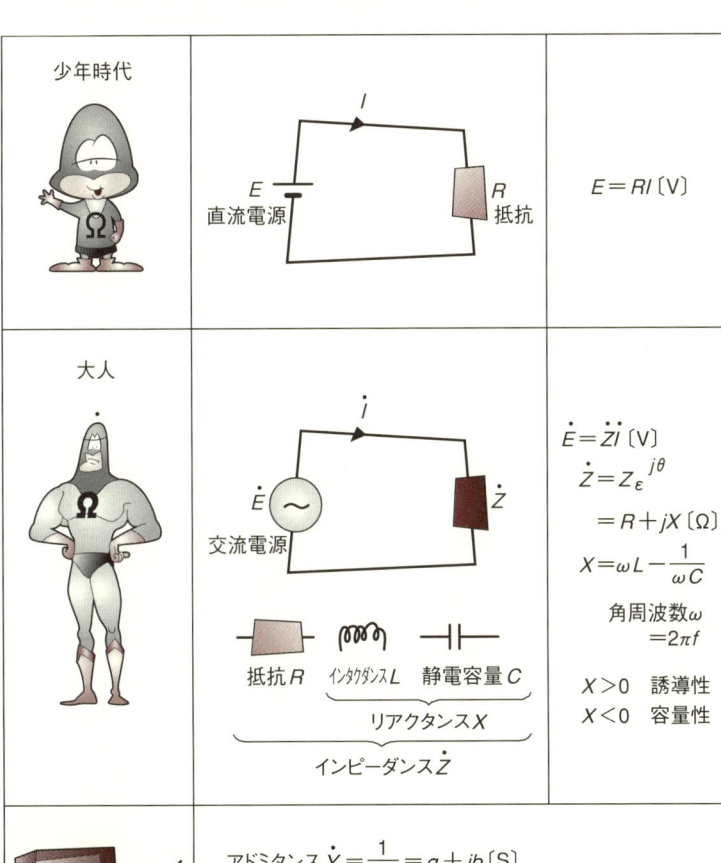

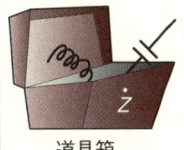

少年時代	直流電源 E ー 抵抗 R ー 電流 I	$E = RI$ 〔V〕
大人	交流電源 $\dot{E}$ ー インピーダンス $\dot{Z}$ ー 電流 $\dot{I}$ 抵抗 R ／ インダクタンス L ・ 静電容量 C リアクタンス X インピーダンス $\dot{Z}$	$\dot{E} = \dot{Z}\dot{I}$ 〔V〕 $\dot{Z} = Z\varepsilon^{j\theta}$ $\quad = R + jX$ 〔Ω〕 $X = \omega L - \dfrac{1}{\omega C}$ 角周波数 ω $= 2\pi f$ $X > 0$　誘導性 $X < 0$　容量性
道具箱	アドミタンス $\dot{Y} = \dfrac{1}{\dot{Z}} = g + jb$ 〔S〕 g:コンダクタンス b:サセプタンス	

電力だって変化する！ 交流電力

　直流回路の電力Pは、電圧をE、電流をIとすると、$P=EI$〔W〕で表されました。交流では電圧eも電流iも正弦波で変化しますから、電力も同じように変化しますし、直流では生じない現象も生じます。

　正弦波電圧$e=\sqrt{2}E\sin\omega t$、電流$i=\sqrt{2}I\sin(\omega t-\theta)$のときの電力$P=ei$を求めてみましょう。EとIは実効値です。ここでは、$\cos(A-B)-\cos(A+B)=2\sin A\sin B$という公式を使います。$A=\omega t$、$B=\omega t-\theta$ですね。結果は次のようになります。

$$P=ei=\sqrt{2}E\sin\omega t\times\sqrt{2}I\sin(\omega t-\theta)$$
$$=2EI\{\sin\omega t\times\sin(\omega t-\theta)\}$$
$$=EI\cos\theta-EI\cos(2\omega t-\theta)$$

ここでわかることは、

　①$EI\cos\theta$は時間tを含んでいないから、時間に対して一定値である。

　②$EI\cos(2\omega t-\theta)$は、$2\omega t$を含むことから、電圧と電流に対して2倍の周波数の正弦波で、したがって1周期での平均は零になる。

　③瞬時瞬時の交流電力は①-②である。

　したがって、交流電力の平均値は、②の平均値＝0なので

$$P=EI\cos\theta 〔W〕$$

となります。実効値を使ったずいぶん簡単な式になりましたね。この式で、$\cos\theta$を力率といいます。θは電圧と電流の位相差で、上の式では電流の位相差は遅れ（$-\theta$）でした。進みの場合でも、$\cos(-\theta)=\cos\theta$ですから同じ式が使えます。力率は％で扱います。なお、θは力率角ともいいます。

　また、②は正弦波ですから値がプラスの場合とマイナスの場合があり

電力だって変化する！ 交流電力

ます。このことは、電源と回路の負荷の間でエネルギーの授受をしていることを示しています。抵抗分は電力により熱を発生しますから、この②の式は回路のLとCが何かしているんだなと想像できるでしょう。

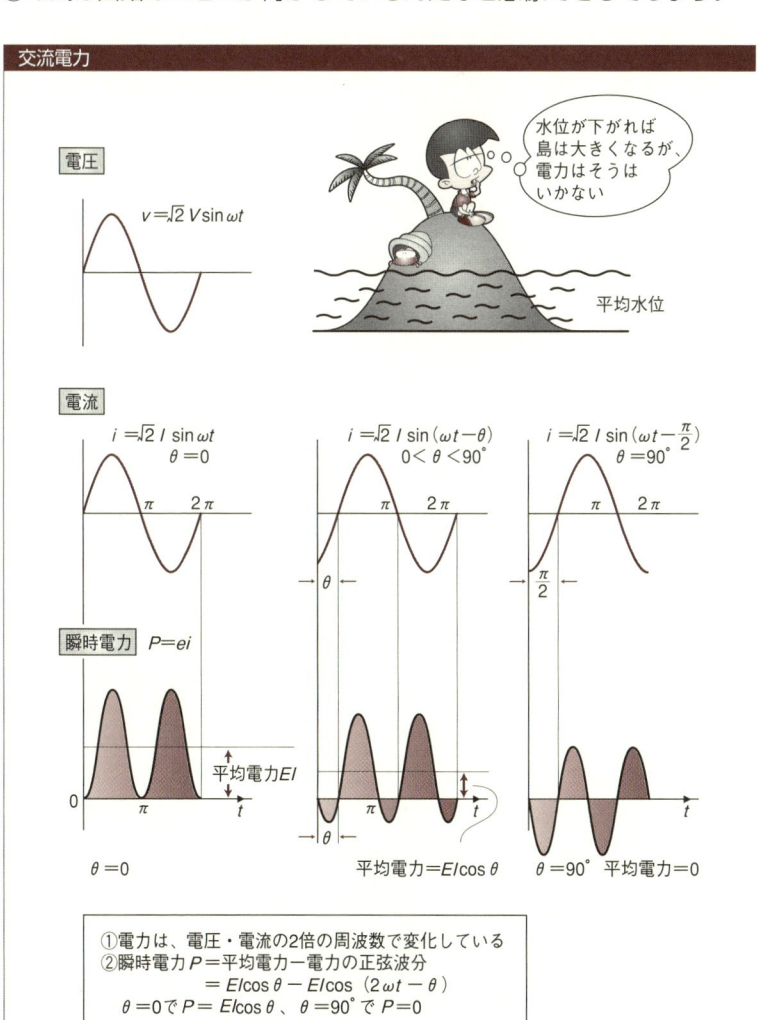

交流電力

電圧
$v = \sqrt{2}\, V \sin \omega t$

水位が下がれば島は大きくなるが、電力はそうはいかない

平均水位

電流

$i = \sqrt{2}\, I \sin \omega t$
$\theta = 0$

$i = \sqrt{2}\, I \sin(\omega t - \theta)$
$0 < \theta < 90°$

$i = \sqrt{2}\, I \sin\left(\omega t - \dfrac{\pi}{2}\right)$
$\theta = 90°$

瞬時電力 $P = ei$

平均電力 EI

$\theta = 0$

平均電力 $= EI \cos \theta$

$\theta = 90°$ 平均電力 $= 0$

---

① 電力は、電圧・電流の2倍の周波数で変化している
② 瞬時電力 $P =$ 平均電力－電力の正弦波分
  $= EI \cos \theta - EI \cos(2\omega t - \theta)$
 $\theta = 0$ で $P = EI \cos \theta$、$\theta = 90°$ で $P = 0$

交流電力を分解すると？

 交流電力は$P=EI\cos\theta$で表されました。この式で、EIを皮相電力といい、単位はボルトアンペア〔VA〕を用います。もっと単独の単位が欲しいような気もします。

 この皮相電力を基本に、交流電力は右図のように[皮相電力]、[電力]、[無効電力]に分解することができます。電力は仕事を行ない、無効電力は仕事をしませんが、無効電力も回路の電圧を制御したりする働きがあるので、「無効」という名称はちょっとかわいそうな気もします。

 　EI＝皮相電力

 　$EI\cos\theta$＝電力P（有効電力という場合もあります）

 　$EI\sin\theta$＝無効電力Q（単位にバー〔var〕を用います）

 したがって、電力と無効電力は直角の関係ですから、次の式が成り立ちます。

 　[皮相電力]^2＝[電力]^2＋[無効電力]^2

 そして電流の分解図において

 　$I\cos\theta$＝有効電流（電流の有効分ともいいます）

 　$I\sin\theta$＝無効電流（電流の無効分ともいいます）

といいます。有効分と無効分も直角の関係ですね。同じように電圧についても、$E\cos\theta$を有効電圧（電圧の有効分）、$E\sin\theta$を無効電圧（電圧の無効分）といいます。これらにより、次の式も導けます。

$$力率＝\frac{電力}{皮相電力}＝\frac{P}{EI}＝\frac{EI\cos\theta}{EI}＝\cos\theta$$

 　電力＝電圧×有効電流＝電流×有効電圧

 　無効電力＝電圧×無効電流＝電流×無効電圧

 ですから、電気回路の計算では、その状況に応じてこれらを上手に使

交流電力を分解すると？

うことが大切です。

交流電力の分解

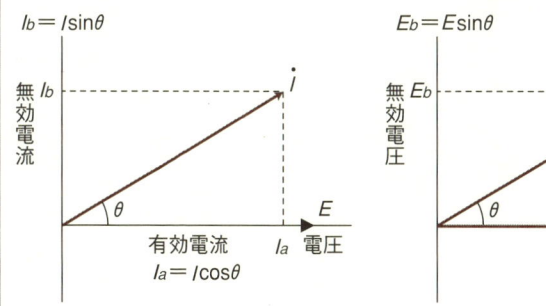

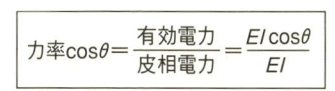

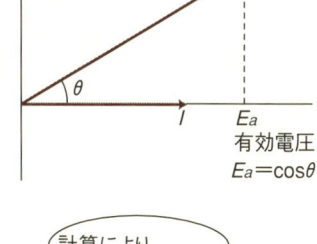

皮相電力 EI [VA]
無効電力 $EI\sin\theta$ [var]
力率 θ
有効電力 $EI\cos\theta$ [W]

ピタゴラスの定理が使えるぞ!

$a^2 = b^2 + c^2$

$I_b = I\sin\theta$

無効電流 I_b

θ

有効電流 $I_a = I\cos\theta$ 電圧 E

$E_b = E\sin\theta$

無効電圧 E_b

θ

I 有効電圧 $E_a = \cos\theta$

計算により使い分けてみよう

$$力率\cos\theta = \frac{有効電力}{皮相電力} = \frac{EI\cos\theta}{EI}$$

電力とインピーダンスと力率の関係

抵抗 r とリアクタンス x の直列回路に、実効値 E の正弦波電圧を加えたときの電流の実効値を I とします。このときの電力を P、無効電力を Q とすると、次のような関係が成り立ちます。

$P = EI\cos\theta$

$Q = EI\sin\theta$

また、電圧の関係から

$E\cos\theta = rI$

$E\sin\theta = xI$

$\dot{E} = \dot{Z}\dot{I} = \sqrt{(r^2 + x^2)} \cdot \dot{I}$

したがって

$P = EI\cos\theta = I^2 r$

$Q = EI\sin\theta = I^2 x$

このことから、電力は抵抗によって消費され、無効電力はリアクタンスによって消費されることがわかります。

また、電流 I をベクトル表示してみると

$$\dot{I} = \frac{\dot{E}}{\dot{Z}} = \frac{\dot{E}}{Z\varepsilon^{j\theta}} = \frac{\dot{E}}{Z}\varepsilon^{-j\theta}$$

となり、力率角 θ は、インピーダンス $\dot{Z}$ によって定まります。

$\dot{Z} = r + jx$ とすると

$$\tan\theta = \frac{x}{r}, \quad \cos\theta = \frac{r}{Z} = \frac{r}{\sqrt{r^2 + x^2}}$$

となります。これより、力率角 θ をインピーダンス角ともいいます。

電力とインピーダンスと力率の関係

電力とインピーダンスと力率

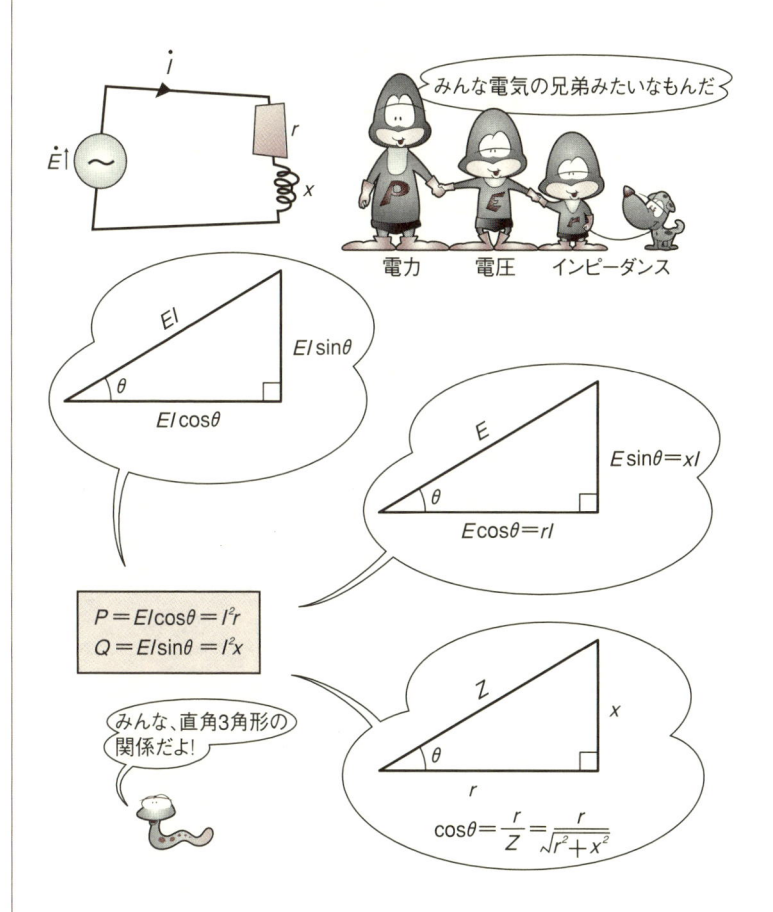

「みんな電気の兄弟みたいなもんだ」

電力　電圧　インピーダンス

三角形1: 斜辺 EI、対辺 $EI\sin\theta$、隣辺 $EI\cos\theta$、角 θ

三角形2: 斜辺 E、対辺 $E\sin\theta = xI$、隣辺 $E\cos\theta = rI$、角 θ

$$P = EI\cos\theta = I^2 r$$
$$Q = EI\sin\theta = I^2 x$$

「みんな、直角3角形の関係だよ!」

三角形3: 斜辺 Z、対辺 x、隣辺 r、角 θ

$$\cos\theta = \frac{r}{Z} = \frac{r}{\sqrt{r^2 + x^2}}$$

できないようでできる！　電力のベクトル表示

正弦波交流における瞬時値は、複素数を用いて電圧$\dot{E}=\sqrt{2}E\varepsilon^{j\omega t}$、電流$\dot{I}=\sqrt{2}I\varepsilon^{j(\omega t-\theta)}$のように表示することができました。それでは、この電圧と電流をかけて電力が求められるか見てみましょう。

$$\dot{E}\dot{I}=\sqrt{2}E\varepsilon^{j\omega t}\times\sqrt{2}I\varepsilon^{j(\omega t-\theta)}$$
$$=2EI\varepsilon^{j(2\omega t-\theta)}$$

この式は、皮相電力EIの2倍の値が、2倍の周波数、位相差θの正弦波となり、いままでの式とは全然違います。つまり、ベクトル表示により電力の瞬時値は求められないということです。しかし、瞬時値でなく、平均値であれば求める方法があるのです。それも、とても便利な方法なのです。

それは、共役複素数を使用する方法です。共役複素数は虚数部分の＋、－の符号を逆にしたもので、例えば$\dot{A}=a+jb$の場合、$\overline{\dot{A}}=a-jb$となります。$\dot{A}$の頭にバー（￣）の記号がつきます。

それでは、電流Iの共役複素数$\overline{\dot{I}}=I\varepsilon^{-j(\omega t-\theta)}$として、$E$と$I$の積をつくります。このとき、係数は実効値のみにしてください。

$$\dot{E}\overline{\dot{I}}=E\varepsilon^{j\omega t}I\varepsilon^{-j(\omega t-\theta)}=EI\varepsilon^{-j\theta}$$
$$=EI\cos\theta+jEI\sin\theta$$

どうですか？　実数部は有効電力P、虚数部は無効電力Qを表しています。次に、電圧の共役複素数で計算してみましょう。

$$\overline{\dot{E}}\dot{I}=E\varepsilon^{-j\omega t}I\varepsilon^{j(\omega t-\theta)}=EI\varepsilon^{-j\theta}$$
$$=EI\cos\theta-jEI\sin\theta$$

無効電力Qの符号が反転しています。つまり、遅れの無効電力を$+j$にするときは$\dot{E}\overline{\dot{I}}$、$-j$にするときは$\overline{\dot{E}}\dot{I}$として計算します。

このようにして、共役複素数を活用して電力についても$P+jQ$とい

うようなベクトル表示ができます。ただし、これは電力の瞬時値ではないということです。そこが、電圧や電流のベクトル表示と基本的に異なる部分ですので注意が必要です。

電力のベクトル表示

電圧 $\dot{E} = \sqrt{2}\, E \varepsilon^{j\omega t}$
電流 $\dot{I} = \sqrt{2}\, I \varepsilon^{j(\omega t - \theta)}$

↓

電圧 $\dot{E}\dot{I}$ を求めてみよう

↓

$\dot{E}\dot{I} = \sqrt{2}\, \varepsilon^{j\omega t} \times \sqrt{2}\, \varepsilon^{j(\omega t - \theta)}$
　　$= 2EI \varepsilon^{j(2\omega t - \theta)}$
　　$= ???$ 【誤】

> ベクトルの $\dot{E}$ と $\dot{I}$ をかけるとなんかよくわかんない

> トホホ

> エヘン

> 共役複素数を使えばいいんだ！
> $a + jb \to a - jb$

> ヤッター！
> 有効電力と無効電力が一度に求められた

$\dot{I}$ の共役複素数 $\overline{\dot{I}} = I \varepsilon^{-j(\omega t - \theta)}$

↓ 【正】

$\dot{E}\overline{\dot{I}} = E \varepsilon^{j\omega t} \times I \varepsilon^{-j(\omega t - \theta)}$
　　$= EI \cos\theta + jEI \sin\theta$
　　$=$ 有効電力 $+ j$ 無効電力

> 係数は実効値を使うんだ。だから、実効値は役に立つんだよ

回路のマジック　共振現象

　RLCの直列回路を考えます。その合成抵抗Zのリアクタンスは、インダクタンスと静電容量がつくるリアクタンスの差になります。このとき、両方のリアクタンスが等しい場合は、見かけ上抵抗Rだけの回路と等しくなってしまいます。したがって、供給電圧EはすべてRに加えられ、電流は電圧と同相で最大となります。このような現象を直列共振といい、この場合の周波数を共振周波数といいます。共振周波数はその回路固有のLとCによって決まりますから、固有周波数ともいい、次式で示されます。

$$共振周波数 f = \frac{1}{2\pi\sqrt{LC}}$$

　周波数fを変化させると回路のZが変化し、電流も変化します。このときの周波数と電流の関係を共振曲線といいます。共振時は電流が最大となりますから、LとCの端子電圧も最大となり、時には、供給電圧よりも大きくなるので電圧共振ともいいます。共振時にLとCの端子電圧が電源電圧の何倍になるかを示すのにQという値を用います。$Q = \omega L/R = 1/\omega CR$で表され、$R$が小さいほど大きな値になります。このように、$Q$は共振回路の鋭さを示すものです。

　交流回路の計算では、通常は周波数は一定ですが、何かの影響で共振が発生すると、その電圧により回路を焼損させたりします。逆に電子回路では電圧を大きくすることができるので、電圧増幅回路というところに使用したりします。

　直列回路と同様に、RLCの並列回路でも共振があります。これを並列共振といい、このとき電流は電圧と同相で最小となるので反共振、またはLCの電流が回路の電流よりも大きくなるので電流共振ともいいま

回路のマジック　共振現象

す。

さらに、抵抗分を含まないLとCだけの回路で、周波数を変化させると共振と反共振が交互に現れることになります。現れたり消えたりと、まさに回路のマジックを見ているようです。

共振現象

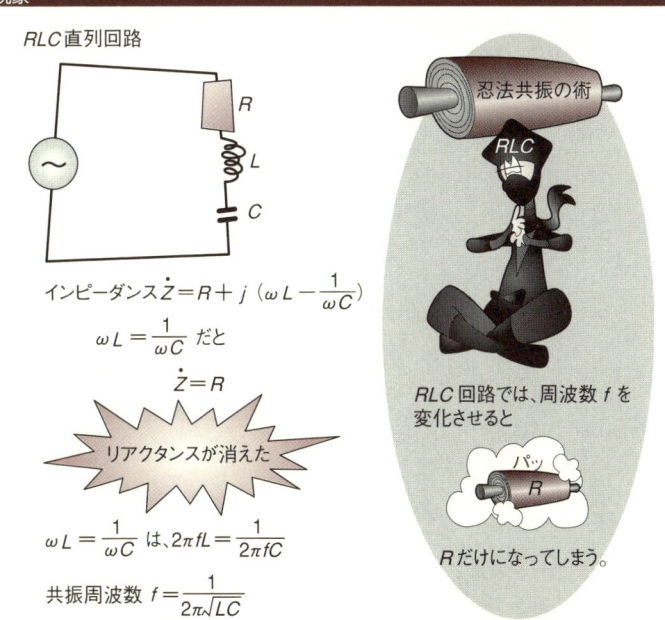

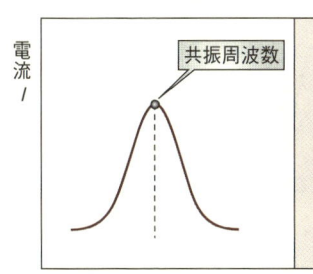

RLC直列回路

インピーダンス $\dot{Z} = R + j\left(\omega L - \dfrac{1}{\omega C}\right)$

$\omega L = \dfrac{1}{\omega C}$ だと

$\dot{Z} = R$

リアクタンスが消えた

$\omega L = \dfrac{1}{\omega C}$ は、$2\pi f L = \dfrac{1}{2\pi f C}$

共振周波数 $f = \dfrac{1}{2\pi\sqrt{LC}}$

RLC回路では、周波数 f を変化させると R だけになってしまう。

電流 I 〜 周波数 f（共振周波数）

共振の時は、電流 $I = \dfrac{V}{R}$

この時の L と C の端子電圧は、

$V_L = \omega L I = \omega L \dfrac{V}{R} = QV$

$V_C = \dfrac{1}{\omega C} I = \dfrac{1}{\omega C} \dfrac{V}{R} = QV$

共振回路の鋭さ $Q = \dfrac{\omega L}{R} = \dfrac{1}{\omega CR}$

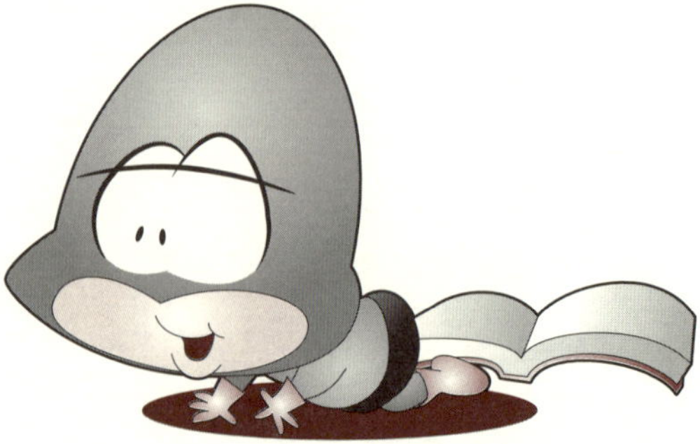

3

回路の法則

　物語は、推理小説の様相を帯びてきました。この章では、いろいろな謎を解くために、重ねたりひっくり返したり、変換したりします。皆さんにはぜひ、探偵になったつもりで読んでいただければと思います。一見複雑な難事件（回路）も、ちょっとしたコツを知ることで、簡単に解くことができます。探偵が持つルーペや磁石などに似て、電気回路を解きほぐす7つ道具みたいなものです。

解くのはあなた!? キルヒホッフの法則

　オームの法則もしっかり理解し、いろいろな電気回路の基本も理解しました。それでは早速、演習書を引っ張り出して、試しに電気回路の計算をしてみようかという人もいるかもしれません。

　でも、ちょっと待ってください。抵抗や電源が複雑に接続された回路は、オームの法則だけでは途方に暮れてしまいます。そこでこのような複雑な回路、すなわち回路網の計算を簡単に解いてくれる法則があります。その最も代表的なものが、キルヒホッフの法則です。キルヒホッフの法則は、次の2つの法則から成り立っています。

- ■**第1法則**　電気回路中の任意の接続点に流入する電流の和は零である。
- ■**第2法則**　電気回路中の任意の閉回路の電圧の総和と電圧降下の総和は等しい。

　この法則を理解すれば、皆さんの電気回路の計算力は格段に向上するはずです。

　第1法則の流入する電流の和は零（ゼロ）とは、ある接続点に対し、入ってくる電流を正（＋）、出て行く電流を負（－）として、これをすべて加えたものはゼロになるということです。

　第2法則では、まず電気回路中の任意の閉回路について理解しましょう。これは1章の一番最初で学習したように、閉じた回路（ループ）ということです。すなわち、回路のある点からスタートし、また同じ点に戻ってくる回路をいいます。行きっぱなしは回路ではありませんね。そして回路の向きを自分で決定し、電圧や電流は自分で決めた方向を正とします。次にそのループについて電圧の合計＝電圧降下の合計として式をつくります。

解くのはあなた!? キルヒホッフの法則

　キルヒホッフの法則により方程式をつくると、各部分の未知の電流より1つだけ多く式ができます。方程式は未知数の数だけあればよいので1つは省略できますが、第1法則の式は省略しないようにしましょう。そして、この連立方程式を解くと各電流が求められます。それを解くのは皆さんです。キルヒホッフの法則は、方程式をつくってくれますが解いてはくれません。

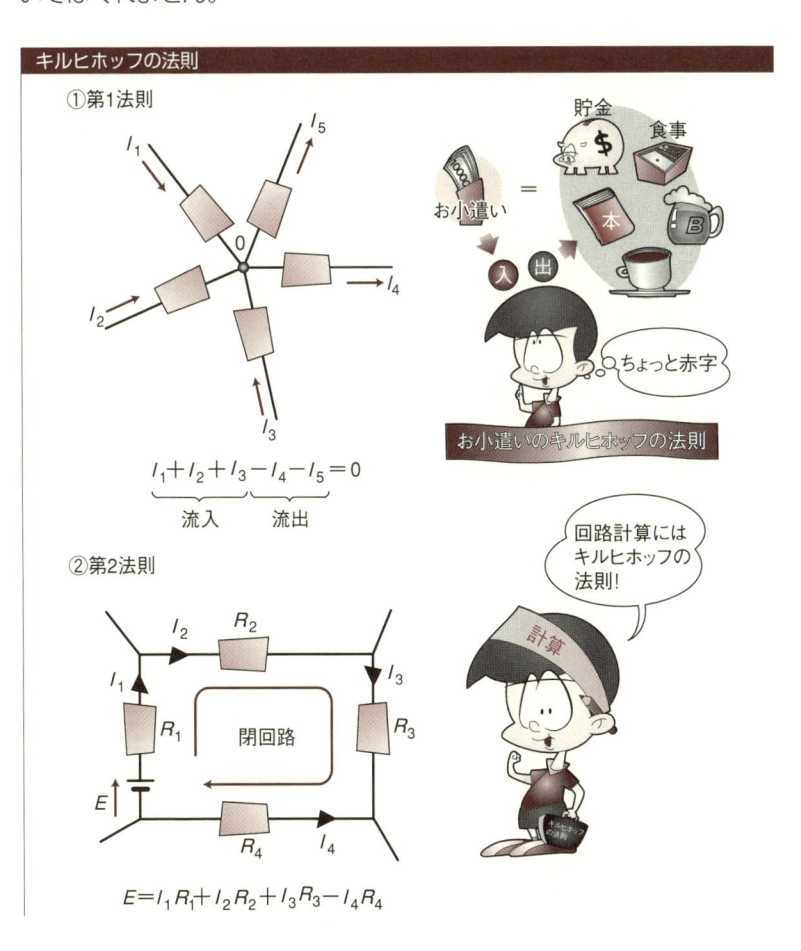

キルヒホッフの法則

①第1法則

$$I_1 + I_2 + I_3 - I_4 - I_5 = 0$$

　　流入　　　流出

②第2法則

$$E = I_1 R_1 + I_2 R_2 + I_3 R_3 - I_4 R_4$$

お小遣いのキルヒホッフの法則

ちょっと赤字

回路計算にはキルヒホッフの法則!

オームの法則が困難な場合とは？

　右の図を見てください。この回路のab間の合成抵抗Rを求めたいのですが、オームの法則を使って求められるでしょうか。ちょっと難しそうですね。

　読者によっては、これは何かに変形できそうだと考えた方がいるかもしれません。そうです！　①図は、②図のように書き換えることができます。このような形をブリッジ回路と言います。まだ、説明していませんが、ブリッジ回路はある平衡条件により、真ん中の10Ωの抵抗には電流が流れない場合があります。でも残念ですが、この回路は平衡条件を満たしていないので、真ん中にも電流が流れます。

　つまり、このような回路はオームの法則を使い、抵抗の直並列接続回路として計算することはできないのです。

　このような場合、キルヒホッフの法則を使えば簡単に方程式を立てることができ、その結果得られる枝路の電流から、$R = E/I_1$としてab間の抵抗を求めることができます。もちろん、①図のままでも、②図と同様に方程式をつくることができます。

　なお、この方程式を見て、「第1法則が入っていない」と気がつかれた方がいるかもしれませんね。大事な点によく気がつきました。これは正式には閉路方程式といい、各枝に流れる個々の電流ではなく、閉路（ループ）電流により方程式を立てています。このような場合には、第1法則は、第2法則に含まれた形で方程式ができあがります。つまり、キルヒホッフの法則による方程式は2つの方法があるということです。

　具体的には、キルヒホッフの法則の定石(じょうせき)も含め、この後じっくり説明しましょう。

オームの法則が困難な場合

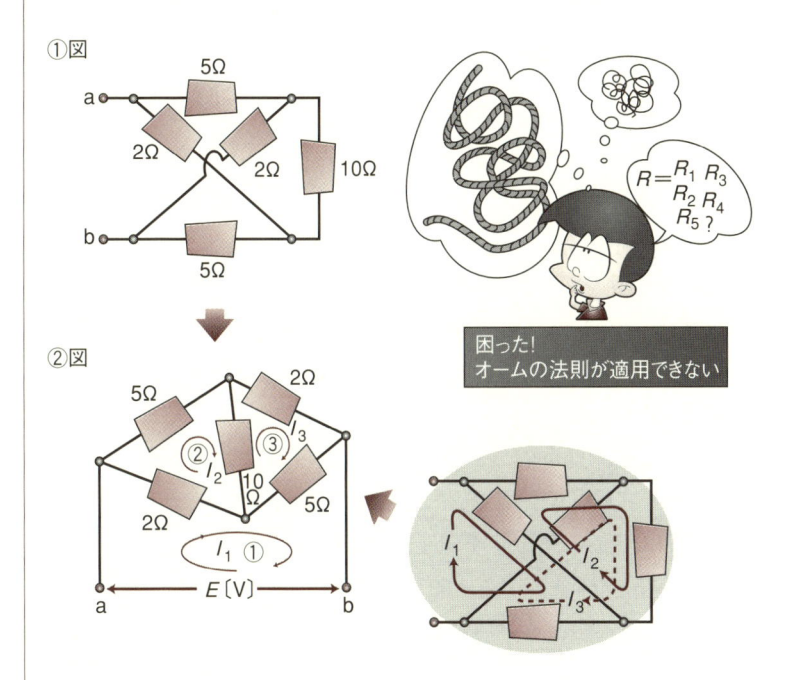

①図

②図

困った!
オームの法則が適用できない

キルヒホッフで方程式ができる

①より $2(I_1-I_2)+5(I_1-I_3)=E$

②より $5I_2+10(I_2-I_3)+2(I_2-I_1)=0$

③より $2I_3+5(I_3-I_1)+10(I_3-I_2)=0$

(答え) 合成抵抗 $R=\dfrac{E}{I_1}$

ブリッジの4番打者　ホイートストンブリッジ

　ブリッジ回路を紹介しましたので、ホイートストンブリッジについて説明します。舌をかまないように何回も発音して覚えるといいでしょう。この回路は7章の測定器のなかでも具体的に紹介しますが、主に抵抗測定に用いられる回路で、とても正確な結果が得られます。

　図の回路で、抵抗Gに流れる電流I_Gを求めます。これは、前項でお話したようにキルヒホッフの法則で求めることができます。

　次に、この電流I_Gが0になるための条件を考えてみましょう。キルヒホッフの法則で求めた電流$I_G=0$とおいて、抵抗の関係を求めれば求まるのですが、もっと簡単な方法を説明しましょう。

　R_1からR_2に流れる電流をI_1、R_4からR_3に流れる電流をI_2とします。AB間の電圧はEですから、$I_G=0$のときを考えると、オームの法則$E=RI$より、R_1とR_2の分担する電圧はその抵抗値に比例します。つまり、$E_1:E_2=R_1:R_2$ということです。ですから、それぞれの抵抗の電圧降下をE_1、E_2、E_4、E_3とすると、このとき$E_1=E_4$ならばC点とD点は電位が同じになり、したがって電位差がありませんから電流が流れません。

　この関係は、$E_1:E_2=E_4:E_3$であり、これは抵抗に比例するわけですから$R_1:R_2=R_4:R_3$になります。これが、抵抗Gに電流が流れない条件です。この比例式を書き直すと、$R_1R_3=R_2R_4$となります。

　このように抵抗Gに電流が流れないような条件を、平衡条件といいます。抵抗Gに電流計（電流が流れているかどうかを調べる電流計を検流計といいます）を置いて、電流が流れていないことがわかれば、例えばR_3の値を求めたい場合は平衡条件を使用して

$$R_3 = \frac{R_4}{R_1} R_2$$

のような形で抵抗 R_3 が求められます。

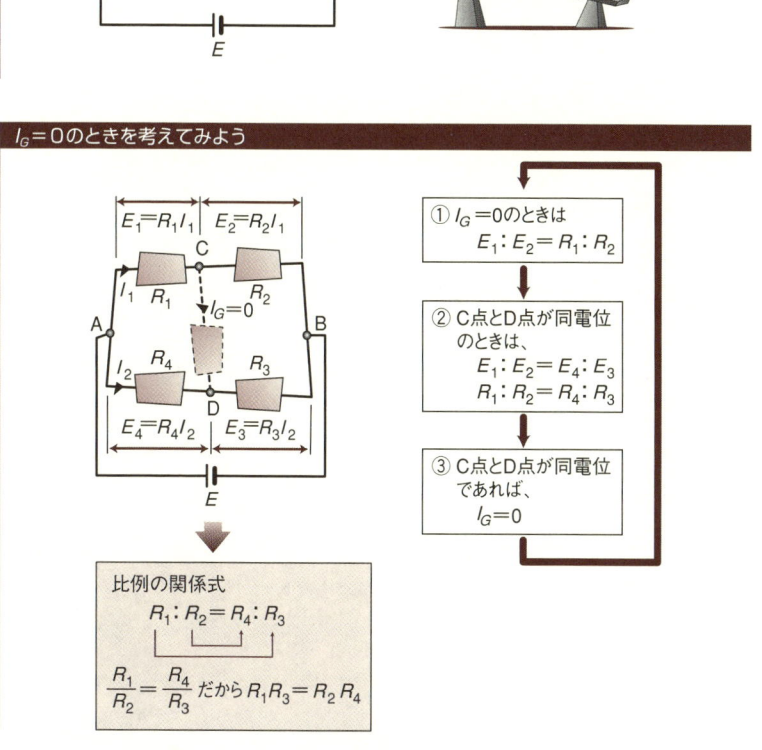

ホイートストンブリッジ

CとDの電位差がないとき I_G がゼロになるんだ。

$I_G = 0$ のときを考えてみよう

① $I_G = 0$ のときは
$E_1 : E_2 = R_1 : R_2$

② C点とD点が同電位のときは、
$E_1 : E_2 = E_4 : E_3$
$R_1 : R_2 = R_4 : R_3$

③ C点とD点が同電位であれば、
$I_G = 0$

比例の関係式
$R_1 : R_2 = R_4 : R_3$

$\dfrac{R_1}{R_2} = \dfrac{R_4}{R_3}$ だから $R_1 R_3 = R_2 R_4$

キルヒホッフの定石（1） 枝路電流の算出

それではキルヒホッフの法則を用いて、実際に連立方程式をつくってみましょう。次の順番で進めていきます。

(1) 各枝路に流れる電流を自分で仮定します。

例えば図のように、各枝路に流れる電流を$\dot{i}_1$、$\dot{i}_2$、$\dot{i}_3$として方向も含めて自分で仮定します。流れる方向には矢印をつけておきましょう。この時の電流の方向は、みなさんの自由です。ちゃんと各枝路ごとについているかチェックしましょう。

(2) キルヒホッフの第2法則を決定する閉路（ループ）を定めます。図では①、②、③の閉路が考えられます。

① $\dot{i}_1 \dot{Z}_1 + \dot{i}_3 \dot{Z}_3 = \dot{E}$
② $\dot{i}_2 \dot{Z}_2 - \dot{i}_3 \dot{Z}_3 = 0$
③ $\dot{i}_1 \dot{Z}_1 + \dot{i}_2 \dot{Z}_2 = \dot{E}$

ところが、①+②=③となることから、このうちの2つをつくれば十分で、残りの1つは考える必要がありません。このようにして選ばれた回路は独立な閉路といいます。

(3) 回路中の任意の点について、キルヒホッフの第1法則を適用します。図ではA点に適用してみました。

(4) 次に、閉路についてキルヒホッフの第2法則を適用します。このとき、回路をひと回りする方向と、電流の方向が同じであれば、その電流による電圧降下をプラス、逆であればマイナスをつけて式の左辺（あるいは右辺）に書き、起電力も同様にひと回りする方向と同じであればプラス、逆であればマイナスをつけ、右辺（左辺）に書きます。このプラスとマイナスを間違えないようにしましょう。

これで方程式のできあがりです。あとは、あなたが方程式を解く番で

す。なお、計算結果で電流にマイナスがつくことがあります。これは、あなたが仮定した電流の向きが逆だったということです。このように、計算結果があなたの仮定を親切に訂正してくれます。

キルヒホッフの定石（1）枝路電流の計算

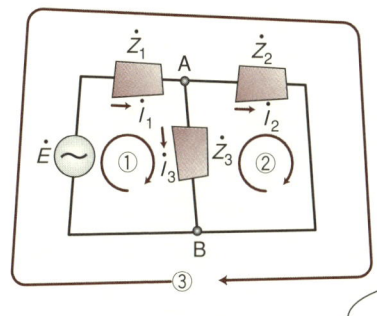

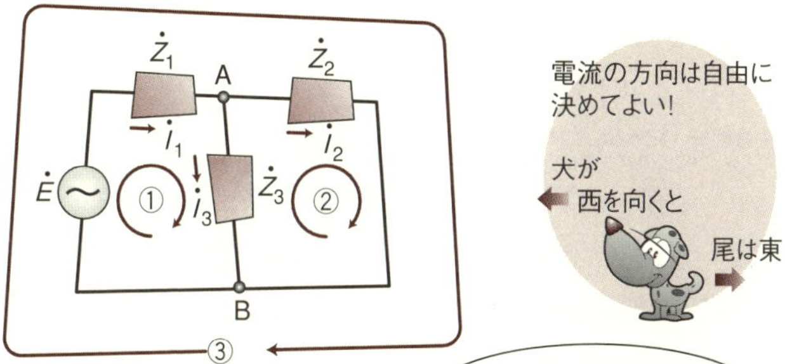

電流の方向は自由に決めてよい！

犬が西を向くと尾は東

①、②、③のうち2つを選べば良いのだ。これを独立な閉路というのだ。

エッヘン！

独立している人

第1法則（A点） $\dot{I}_1 - \dot{I}_2 - \dot{I}_3 = 0$

第2法則
① $\dot{I}_1 \dot{Z}_1 + \dot{I}_3 \dot{Z}_3 = \dot{E}$
② $\dot{I}_2 \dot{Z}_2 - \dot{I}_3 \dot{Z}_3 = 0$
③ $\dot{I}_1 \dot{Z}_1 + \dot{I}_2 \dot{Z}_2 = \dot{E}$
①＋②＝③

キルヒホッフの定石（2） ループ電流による方法

先ほどは枝路電流$\dot{i}_1$、$\dot{i}_2$、$\dot{i}_3$を仮定して、A点にキルヒホッフの第1法則$\dot{i}_1 - \dot{i}_2 - \dot{i}_3 = 0$としました。この式を変形すると$\dot{i}_3 = \dot{i}_1 - \dot{i}_2$となりますね。つまり、①と②のループにはそれぞれ$\dot{i}_1$、$\dot{i}_2$というループ電流が流れていて、$\dot{Z}_3$に流れる電流は$\dot{i}_1$と$\dot{i}_2$が重なり合ったもの、つまり$\dot{i}_1 - \dot{i}_2$の電流が流れていると考えることができます。

これから、①と②のループにキルヒホッフの第2法則を適用すると

$$\dot{i}_1 (\dot{Z}_1 + \dot{Z}_3) - \dot{i}_2 \dot{Z}_3 = \dot{E}$$
$$-\dot{i}_1 \dot{Z}_3 + \dot{i}_2 (\dot{Z}_2 + \dot{Z}_3) = 0$$

という式ができ、この2つの方程式を解くと$\dot{i}_1$と$\dot{i}_2$が求められます。

このように、回路内の電流は枝路電流ではなく、いくつかのループ電流が重なり合ったものとしても計算することができます。ただし、$\dot{Z}_3$に流れる枝路電流を求めるときは$\dot{i}_3 = \dot{i}_1 - \dot{i}_2$という計算が必要になります。このことはループ電流によるキルヒホッフの第2法則は、その式の中に、$\dot{i}_3 = \dot{i}_1 - \dot{i}_2$という第1法則を含んでいるということです。

考えてみると第1法則は、ある点に流入した電流は必ず他の枝路に出て行くわけであり、各枝路の電流はこれらの重ね合わせですから、ループ電流を考えることは、その時点で第1法則が満足されているということになります。

この際、考えるループは、独立したループですから図の場合2つで十分です。方程式が1個少ないというのは魅力ですが、枝路電流の場合と比べると、方程式はちょっと複雑になっています。

キルヒホッフの定石（2）ループ電流による計算

まず、ループ電流を決めよう

よーく見てみよう。
ループ電流には、第1法則
が含まれているんだ。

あった！

（A点の拡大図）

$i_3 = i_1 - i_2$

ループ① $\dot{i}_1(\dot{Z}_1 + \dot{Z}_3) - \dot{i}_2 \dot{Z}_3 = \dot{E}$

ループ② $-\dot{i}_1 \dot{Z}_3 + \dot{i}_2(\dot{Z}_2 + \dot{Z}_3) = 0$

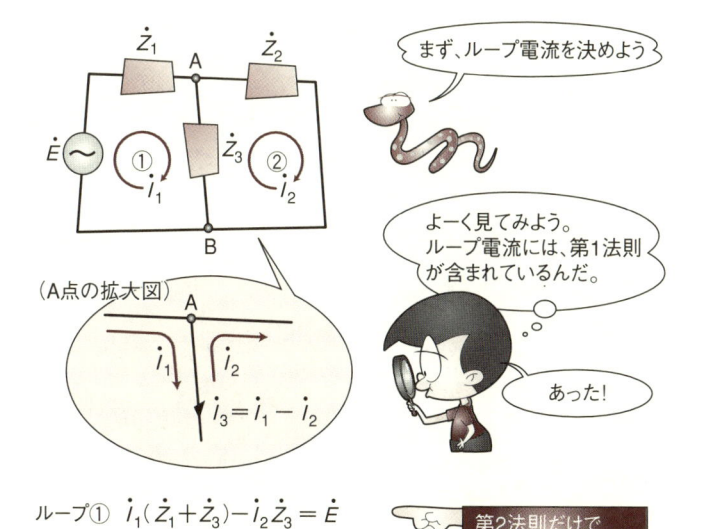

第2法則だけで
方程式がつくられる

足して足して足して　重ねの定理

　ループ電流のところで、キルヒホッフの第1法則は、ループ電流の重ね合わせであることを虫メガネを使って見てみました。実は、これは電流にも電圧にもあてはまります。そして直流と交流のいずれにもあてはまります。

　なぜでしょうか？　オームの法則 $E=RI$ では、電圧は電流に比例します。電流は電圧に比例するともいえます。ということは、電圧を2倍すれば電流も2倍となり、電圧を n 倍すれば電流も n 倍になるということです。この n 倍というのは比例のことで掛け算です。そして掛け算は、n 回プラスするということと同じです。

　つまり、$nE=n\times RI$ は、$RI+RI+\cdots+RI$ と RI を n 回足し合せるわけです．この n は自由に選べますから、n より1少ない $(n-1)$ という回数を考えて、$(n-1)E=E_2$、最初の E を E_1 とすると

$$E_1+E_2=RI_1+RI_2$$

となります。ここで I_1、I_2 は E_1、E_2 のときのそれぞれの電流です。これを重ねの定理といいます。

　これを正式には「多数の起電力を含む回路網の各点の電位または電流の分布は、これらの起電力がそれぞれ単独に存在する場合の電位または電流の和に等しい」といいます。これだととても難しそうですが、簡単にいえば、起電力がいくつかある場合、その電流は起電力1個ずつの電流を求めて、それを足し算すればよいということです。人間は、2人が協力すると3人分くらいの働きをしたり、逆に1.5人分だったりすることがありますが、電圧と電流は律儀者で2人は2人であり、それ以上でもそれ以下でもありません。

重ねの定理

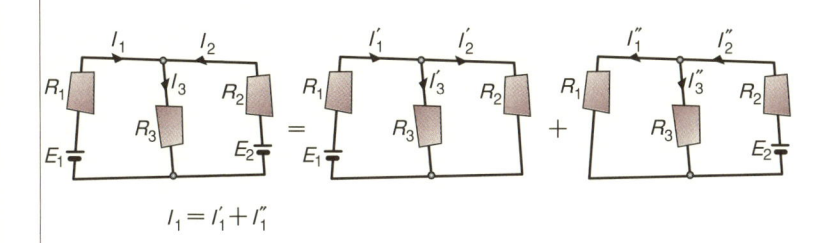

起電力の数だけ重ね合わさってる

回路は、回路の重ね合わせなんだ。重ねは重い！

$I_1 = I'_1 + I''_1$

反対の反対は 鳳－テブナンの定理

急に難しい漢字が出てきてびっくりした方がいるかもしれません。鳳は昔の日本の先生の名前で「ほう」と読みます。おおとり先生と呼ばないように注意しましょう。

①さて、ある複雑な回路があり、そこからabという2つの端子が出ている場合を考えましょう。そして、この端子には起電力E_{ab}が現れているとします。ここに抵抗Rを接続した場合の電流を考えるのですが、その前にこの端子にE_{ab}を打ち消す起電力E_1を接続します。そうすると、ab間には電圧がないのですから、抵抗Rを接続しても電流が流れません。

②次に、この回路とまったく同じ回路でその中の起電力はないものとし、E_1のところにE_1と反対向きの起電力E_2がある回路を考えると、そのときの電流はab間からみた回路網の合成抵抗をR_{ab}とすると、単純に$I = E_2/(R_{ab}+R)$となり、E_2はE_{ab}と大きさは等しいので$I = E_{ab}/(R_{ab}+R)$と同じことになります。

③そこで、今度はこの2つの回路を重ねて見ましょう。すると、E_1とE_2は向きが反対ですから起電力が何もないのと同じになります。そして、電流はE_1では流れていませんから、重ねの定理で$0 + I = I$となります。

④つまり、反対の反対を重ねるわけです。このRをインピーダンスZに置き換えると、次のことがいえます。

「ある回路網中の任意の2端子をa、bとし、ab間に現れる電圧を$\dot{E}_{ab}$とすれば、このab間にインピーダンス$\dot{Z}$を接続した場合、$\dot{Z}$に流れる電流は$\dot{I} = \dot{E}/(\dot{Z}_0 + \dot{Z})$である。ここで$\dot{Z}_0$は回路網に含まれるすべての起電力を除いてab端子から見た合成インピーダンスである」

反対の反対は　鳳-テブナンの定理

　これが鳳-テブナンの定理です。これは、どんな複雑な回路でも、ある端子にインピーダンスZを接続する場合は、その端子の接続前の電圧がわかっていれば、図のように最も単純な回路で計算できるということです。

鳳-テブナンの定理の昔話

①昔、ある回路網に電圧 E_{ab} が現れている端子があった。

②誰かが E_{ab} と反対の起電力 E_1 をつないだのでRに電流は流れなかった。

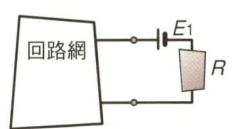

③次の誰かが E_1 と反対の E_2 をつないだので電流が流れた。

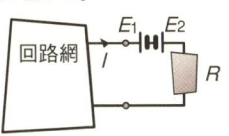

④ということは、反対の反対で、E_1 と E_2 はなかったことになった。

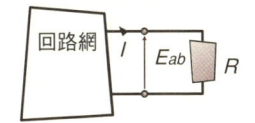

昔、鳳さんという先生がおってな。
ある、回路網に電圧 E_{ab} が……

$$I = \frac{E_{ab}}{R_{ab} + R}$$
R_{ab} は回路網の合成抵抗

何を補償するか？ 補償の定理

　補償の定理を説明しましょう。補償という言葉は、例えば何かを間違って壊してしまった場合、その損害を金額などで補うことです。では、電気回路では何に対して何を補うのでしょうか。

　電気回路の基本は起電力と抵抗と電流ですから、この３つに関係していることは想像がつきます。具体的には、抵抗が変化したときの電流の変化に対して、抵抗の変化に対応する起電力を補ったことと同じということです。確かに補償していますね。

　補償の定理は、変化する前の抵抗Rと変化した後の抵抗$R+R_0$を考え、重ねの定理を使って、R_0Iを打ち消す起電力を挿入してみれば、鳳－テブナンの定理と同様に証明できます。次のような論法です。

　①電流Iが流れている枝路の抵抗Rが$R+R_0$に増加しました。

　②ここでR_0Iに等しい起電力E_1を挿入すれば、R_0の電圧降下を打ち消しますから、電流の分布は変わりません。

　③さらに、この起電力と逆向きの起電力E_2を挿入して、起電力がない状態に戻してあげます。この起電力を補償起電力といいます。

　④そうすると、③の起電力E_2による電流はR_0だけ変化したときの各部に流れる電流と等しくなります。

　それでは、まとめです。抵抗RをインピーダンスZまで拡張して述べることができますから、次のようになります。

　「回路網中のあるインピーダンス$\dot{Z}$に電流$\dot{I}$が流れている時に、この$\dot{Z}$が$\dot{Z}+\dot{Z}_0$に変化したために生ずる各部電流の変化は、回路網中の起電力を全部取り除き、$\dot{Z}+\dot{Z}_0$と直列に$\dot{Z}_0\dot{I}$の起電力を$\dot{I}$と反対方向に入れた場合に流れる電流に等しい」

何を補償するか？ 補償の定理

補償の定理

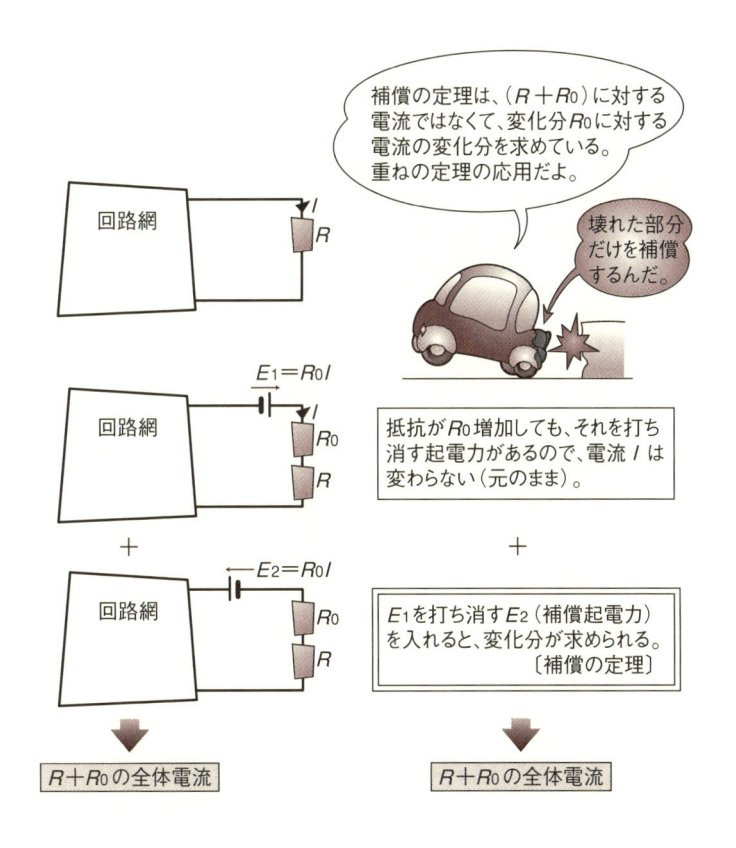

> 補償の定理は、$(R+R_0)$に対する電流ではなくて、変化分R_0に対する電流の変化分を求めている。重ねの定理の応用だよ。

> 壊れた部分だけを補償するんだ。

抵抗がR_0増加しても、それを打ち消す起電力があるので、電流Iは変わらない（元のまま）。

＋

E_1を打ち消すE_2（補償起電力）を入れると、変化分が求められる。
〔補償の定理〕

| $R+R_0$の全体電流 | $R+R_0$の全体電流 |

シャーロック・ホームズ　相反の定理

　相反の定理は可逆の定理とも呼ばれます。「相反」は難しい言葉なので普通の辞書には載っていないかもしれません。簡単にいうと「逆の関係で同じこと」ということで、数学的には逆数の意味があります。相互インダクタンスに似ています。例えば、二人の人物AとBがいてAはBを犯人と思い、逆に立場を替えてBはAを犯人と思っているような状況です。ちょっとした推理小説みたいですね。

　ですから、回路においては枝路Aに起電力Eを入れて、枝路Bに電流Iが流れたとすると、逆に枝路Bに起電力Eを入れると、枝路Aに電流Iが流れるということです。

　この定理もオームの法則とキルヒホッフの法則から導かれるのですが、その経過はちょっと複雑です。このため、図のようなホイートストンブリッジの平衡条件を満たしている場合を考えましょう。平衡していますから、中央の抵抗R_Gの電流I_Gは0ですね。それではこの回路をくるっとひっくり返してみましょう。図をよく見てください。ちゃんとひっくり返ったでしょうか？　そしてR_Gに起電力を移動しても、抵抗rに流れる電流は0です。これはブリッジの平衡条件$R_1 R_3 = R_2 R_4$がもとの回路で成立すれば、ひっくり返しの回路でも成立しますから当然です。だまされたと思っている方がいるかもしれませんが、だましているわけではないのです。これも相反の定理の一部なのです。あなたは名探偵になれたでしょうか？　それでは、この定理をちゃんとした言葉で書いてみましょう。

　それは「起電力のない回路網中のある枝路Aに起電力Eを入れたとき、枝路Bに流れる電流がI_2は、逆に同じ起電力を枝路Bに入れたときの枝路Aに流れる電流I_1に等しい」ということです。

相反の定理

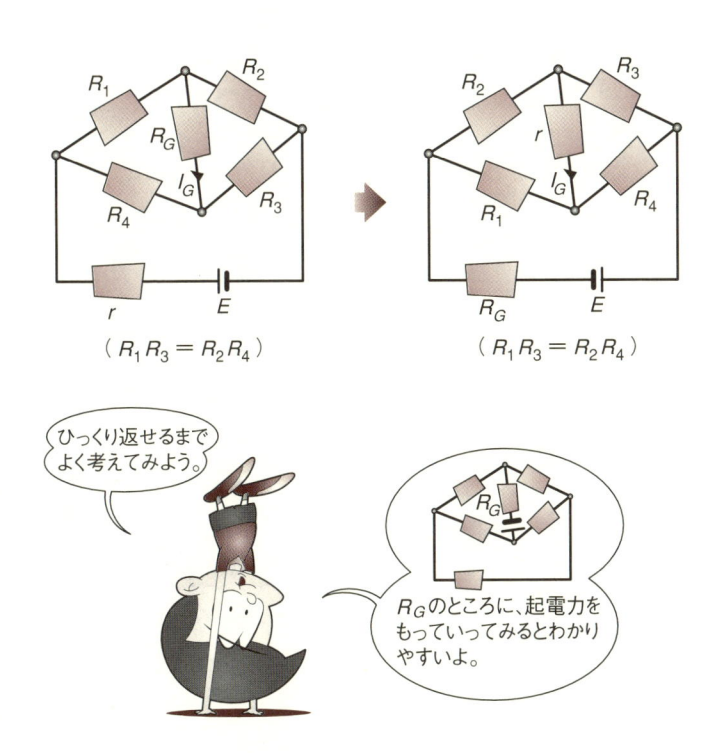

「おまえが犯人だ!」

($R_1 R_3 = R_2 R_4$) → ($R_1 R_3 = R_2 R_4$)

「ひっくり返せるまでよく考えてみよう。」

「R_Gのところに、起電力をもっていってみるとわかりやすいよ。」

等しいときが一番幸せ　最大電力の定理

数学的には、最大最小は次のように判定されます。

①2数 x, y の和 S が与えられるとき、その2数の積が最大となるのは、2数が相等しいときである。

②2数 x, y の積 K が与えられるとき、その2数の和が最小となるのは、2数が相等しいときである。

これだけですとちょっとわかりにくいですから、具体的に電力について考えてみましょう。電圧 E、その内部抵抗 r の電源に負荷抵抗 R をつないだとき、その負荷の消費電力が最大になる条件を考えましょう。負荷の電力 $P = I^2R$ で、電流 $I = E/(r+R)$ から、電力の式が求められます。

この分数式が、最大になるような R を考えるわけです。分数式の分子は E^2 で一定ですから、分母が最小になれば電力 P は最大になります。分母について、R と r^2/R の積 r^2 は一定ですね。ですから、その和 ($R + r^2/R$) が最小になるのは、その2数が等しいとき、つまり $R = r^2/R$ のときです。これから、$R = r$ のときに電力は最大で、その値は $P = E^2/4r$ となります。

これをまとめると「起電力 E、内部抵抗 r の電圧源より取り出せる最大電力は $E^2/4r$ で、負荷抵抗値が r に等しいときである」といい、これを最大電力の定理といいます。人間の世界でいえば、「ケーキを二人で公平に分けるときに、二人とも同じ大きさ（半分ずつ）にしたときが、けんかしないで二人とも一番幸せ」ということと似ていますね。

負荷抵抗 R と電源側が抵抗 r とリアクタンス x からなるインピーダンスの場合は、その絶対値 $|Z|$ と負荷抵抗 R が等しいときにこの法則が成り立ちます。この場合、インピーダンス Z は、負荷抵抗 R の端子からみた

等しいときが一番幸せ　最大電力の定理

電源側の全合成インピーダンスを使います。

最大電力の定理

（ケーキの大きさは等しくないとケンカになる）

（いちごの数が等しくない！）

（2数が電力も等しいときが最大になる）

$$P = I^2 R$$
$$= \frac{E^2 R}{(r+R)^2}$$
$$= \frac{E^2}{\frac{r^2}{R} + 2r + R}$$

（法則から $r = R$ で最大電力になるよ）

$R \times \dfrac{r^2}{R} = r^2 = $ 一定

$\left(R + \dfrac{r^2}{R}\right)$ が最小になれば P は最大になる

だから、$R = \dfrac{r^2}{R}$　∴ $R = r$ で最大

この時、$P = \dfrac{E^2 R}{(2R)^2} = \dfrac{E^2}{4R} = \dfrac{E^2}{4r}$

※ r が、$\dot{Z} = r + jx$ なら、$R = Z = \sqrt{r^2 + x^2}$ で最大

昼の反対は夜　回路計算の相対性

　電圧と電流の関係は、オームの法則で表されるわけですが、コンダクタンス$G=1/R$を使って、$E=RI$を$I=E/R=EG$と表しても同じことです。このようにオームの法則では$R\Leftrightarrow G$、$E\Leftrightarrow I$、$I\Leftrightarrow E$で交換することができます。このような関係を相対性といいます。ちょうど地球の昼と夜みたいな関係ですね。

　相対の関係には以下のようなものがあります。

　　　電圧E　⇔　電流I
　　　電流I　⇔　電圧E
　　　抵抗R　⇔　コンダクタンスG
　　　インピーダンスZ　⇔　アドミタンスY
　　　直　列　⇔　並　列
　　　並　列　⇔　直　列
　　　短　絡　⇔　開　放
　　　開　放　⇔　短　絡

　そして、片方に成立する定理や一定の関係は、相対な関係に対しても成り立ちます。ですから、通常、回路の計算は電源が一定ということで電流を計算しますが、電流が一定ということで電圧を計算する方法もあります。これをそれぞれ電圧源、電流源と呼んでいます。

　相反の定理では、まず枝路Aに起電力Eを挿入した場合のもう片方の枝路Bの電流Iに対して、この枝路Bに起電力Eを挿入すると、最初の枝路Aの電流がIになるということでした。これに対し、まず片方の枝路Aから電流Iが流入した場合のもう片方の枝路Bの電位差Eに対して、この枝路Bに電流Iを流入させると、最初の枝路Aの電位差はEになるということです。このとき、電圧源は電流源に、直列は並列に、そ

昼の反対は夜　回路計算の相対性

して短絡が開放になっています。

相対性

	抵抗 R	コンダクタンス G
オームの法則	$E = RI$	$I = GE$
直列	$R = R_1 + R_2$	$G = \dfrac{G_1 G_2}{G_1 + G_2}$
並列	$R = \dfrac{R_1 R_2}{R_1 + R_2}$	$G = G_1 + G_2$

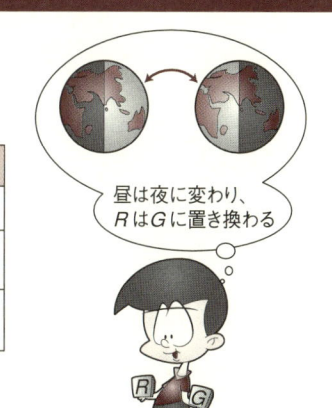

昼は夜に変わり、R は G に置き換わる

電圧源における相反の定理

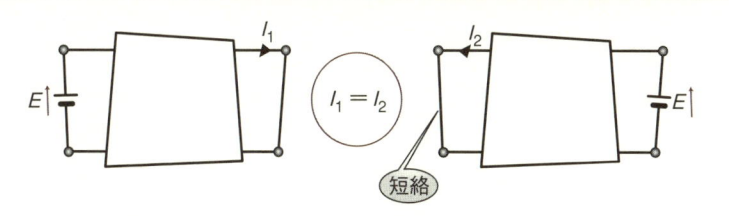

$I_1 = I_2$

短絡

電流源における相反の定理

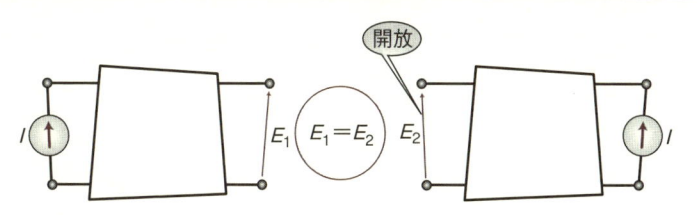

開放

$E_1 = E_2$

たたんだり結んだり　対称な回路

　電流や電流分布など、外部に与える影響が等しい2つの回路を等価であるといい、このような回路や抵抗を等価回路、等価抵抗といいます。合成抵抗を求めることも一種の等価抵抗を求めることになります。そして、このように求めることを等価変換といいます。

　回路計算を簡単にしたり、鳳－テブナンの定理を使用するときには、いくつかの抵抗から成り立つ回路の等価抵抗を求める必要があります。キルヒホッフの法則を使わなくても、等価抵抗が求められる方法がありますので、いくつか紹介しましょう。

　図①をよく見てください。ab間で左右対称になっています。このような場合、abを結ぶ線で回路を折りたたみ、合成抵抗を求めることができます。どんどん折りたたんでみましょう。また、電流分布も左右対称になるはずですから、分岐するたびに電流を1/2にしていけば簡単に求められてしまいます。

　図②は、立体的なのでちょっと折りたためそうにありません。でも、やはりabを結ぶ線で対象になっていることがわかると思います。この場合でも、電流分布は対象になるはずです。a点からは3本枝が出ていますから全体の電流をIとすると、各枝には$I/3$ずつ流れていることになります。ですから、電流分布から見て電位が変わらない点は、離れていても結んでしまいましょう。そうすると、cdeとfghがそれぞれ同電位として結ぶことができます。ということで、最後にはとても簡単な回路になりました。対称な回路は人間社会と似ています。離れていても、気持ちが合えば結ばれるのです。

　このような例はあまり多くはありませんが、対称な回路の特徴として覚えておきましょう。

対称な回路の電流

図① 折りたたむ場合

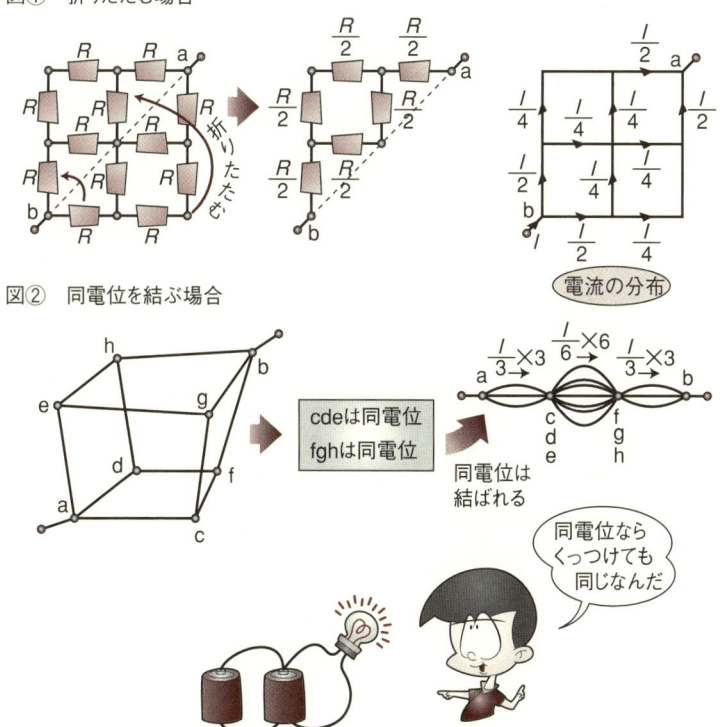

図② 同電位を結ぶ場合

cdeは同電位
fghは同電位

同電位は結ばれる

同電位ならくっつけても同じなんだ

秘密を公開 △-Y変換

　キルヒホッフの法則のところで、オームの法則で抵抗が求められない例を説明しました。実は△形の回路が含まれていると、直並列の計算だけでは等価抵抗の算出は困難なのです。この場合、端子abcからみた条件が等価なY回路に変換できれば直並列の計算が可能になり、計算もとても簡単になります。

　この△からYへの変換は、それぞれの端子間の合成抵抗を出して、それから方程式を解く形でR_a、R_b、R_cを求めます。この途中経過は結構長いので、その結果だけを右図に書いておきます。専門書では、覚えやすくするために「Y接続の各相の抵抗（例えばR_a）は、その抵抗をはさむ△接続の両抵抗の積を、△抵抗の3辺の和で割ったもの」と書かれています。

　いや、これでも覚えられないという方がいるかもしれません（覚えても忘れやすい公式ともいえます）。この△-Y変換は、いろいろなところでとても使い道があります。ぜひ覚えてもらいたいので、特別に秘密の覚え方を書いておくことにしました。この方法は邪道ですし、秘密ですからぜひ内緒にしておいてください。まず図と変換の式をよく見てください。R_aをはさむ形でr_aとr_cがありますね。そしてr_aとr_cは並列になりそこなって間にr_bが割り込んでいます。ですから、r_aとr_cの並列抵抗の式の分母にr_bが割り込んでいると覚えましょう。立派に先ほどの式になっています。

　また、式からわかるように△接続の3辺の抵抗が等しい場合は、Y接続のRは$r/3$になります。これこそ、rを3個並列抵抗にした場合の合成抵抗と同じです。不思議ですね。

△-Y変換

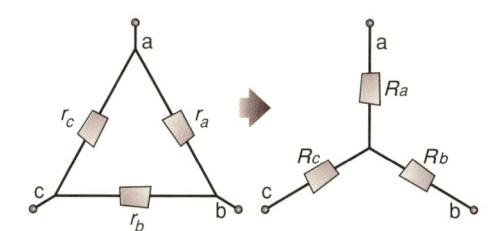

$$R_a = \frac{r_a\, r_c}{r_a + r_b + r_c}$$

$$R_b = \frac{r_b\, r_a}{r_a + r_b + r_c}$$

$$R_c = \frac{r_c\, r_b}{r_a + r_b + r_c}$$

秘密の覚え方

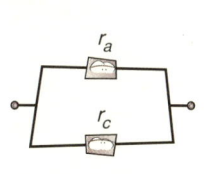

並列抵抗は

$$R_a = \frac{r_a\, r_c}{r_a + r_c}\ \text{だ}。$$

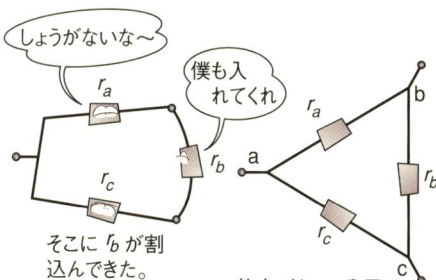

しょうがないな〜

そこに r_b が割込んできた。

僕も入れてくれ

仕方がない、分母にでも入れてやるか。

$$R_a = \frac{r_a\, r_c}{r_a + r_b + r_c}$$

相対性を使おう Y−△変換

　△−Y変換の次は、逆にY−△変換をやってみましょう。△−Y変換のときと同様にして、r_a, r_b, r_cを求めればよいのですが、これがまたかなりの手間を必要とします。本来、直並列計算で解けないということで簡単にしたものを、もとの難しい形にするのですから大変なわけです。その結果を見ると何かに似ている気もしますが、それにしても複雑です。

　実は、Y−△変換は相対性を使って考えると、簡単に理解できます。つまり、抵抗Rの代わり、コンダクタンスGを使うのです。そうすると、Y−△変換のgの値は、△−Y変換のrのところをGに置き換えれば求められるのです。ただし、分母の$r_a r_c$は$G_A G_B$として下さい。そして、$R = 1/G$とすれば抵抗値に変換できます。図中に、途中の経過も書いておきましたが、とても簡単な計算です。だから、△−Y変換の式だけ覚えておけば大丈夫といえます。なお、一度はちゃんと計算してみることも必要です。

　これでY−△変換と△−Y変換が求まりました。計算力は、実際にたくさん計算しないと上達はしませんが、たくさんのアイテムを持つことは、TVゲームのロールプレイングゲームと同様、計算の世界をとても豊かにしてくれます。

　最後に等価抵抗を求める方法をまとめておきましょう。回路の特徴に応じて使い分けるようにしてください。

　①オームの法則により直並列計算を行う。
　②ブリッジの平衡条件が使えないかチェックしてみる。
　③回路の対称性が使えないかチェックしてみる。
　④△−Y変換をする。
　⑤キルヒホッフの法則を使う。

Y-△変換

△-Y変換は、秘密の覚え方でわかってる。

$$R_a = \frac{r_a r_c}{r_a + r_b + r_c}$$

R は G で置き換えられる。△は Y に、Y は △ に置き換えられる。

Y-△変換は、△-Y変換の式を G で置き換えればいいんだ。

$$g_a = \frac{G_A G_B}{G_A + G_B + G_C}$$

$r_a = \frac{1}{g_a}$ だから

$$r_a = \frac{G_A + G_B + G_C}{G_A G_B}$$

$$= \frac{\frac{1}{R_A} + \frac{1}{R_B} + \frac{1}{R_C}}{\frac{1}{R_A}\frac{1}{R_B}}$$

$$= \frac{R_A R_B + R_B R_C + R_A R_C}{R_C}$$

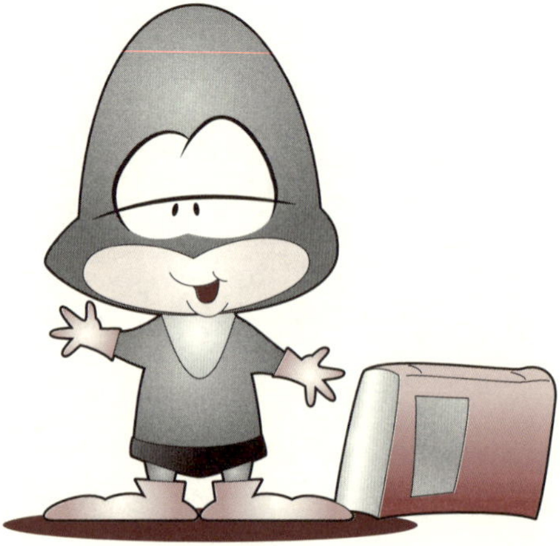

4

三相交流回路

　いよいよ主役の登場です。実際の電気回路では、この三相交流回路が大活躍をします。三相交流は正弦波交流の発展形ですから、決して難しいものではありません。それでいて、正弦波交流にはなかった、いろいろな働きをするという優れた性格があります。大きな発電所も、鉄塔の電線も、モーターもみんな三相交流が活躍しています。この章では三相交流の性質をじっくり味わってみてください。

三相交流の謎

　単相交流は単一の交流電源について考えました。これに対して周波数が同じで、位相が異なる起電力が接続されている交流方式を多相交流方式といいます。このうち、電力会社の発電所や送電線、配電線などに用いられている方式は、起電力が3つあり、これを三相交流方式といい、多相交流の代表選手です。

　三相交流において、それぞれの起電力の大きさが等しく、隣どうしの位相差がともに等しい場合を対称三相交流といいます。起電力や位相差が等しくない場合は非対称三相交流といいますが、ここでは対称三相交流回路について、その性質を順にみていきたいと思います。なお、二相交流について考えてみると、大きさが等しく位相差が90°の場合は［90°＋270°］となり、位相差が等しくないので非対称の種類に入り、位相差が180°なら［180°＋180°］となり対称です。

①三相交流の位相差

　それでは、三相交流の位相差を考えましょう。もともと交流電圧は正弦波交流のところで示したように、コイルの回転により発生します。コイルの1回転は360°、すなわち2π〔rad〕で元の場所に戻ってきますから、この繰り返しになります。したがって、2πの中で隣どうしの位相差を等しくするためには$360 \div 3 = 120°$、すなわち$2\pi/3$〔rad〕が各相間の位相差になります。

②三相交流の接続

　三相交流の起電力と負荷（インピーダンス）の接続の方法には、星形（Y形・スター形）と環状形（△形・デルタ形）の2種類があります。三相交流でもYと△が出てきました。これからが楽しみですね。

三相交流の謎

三相交流

「交流を組み合わせてみよう。面白いよ。」

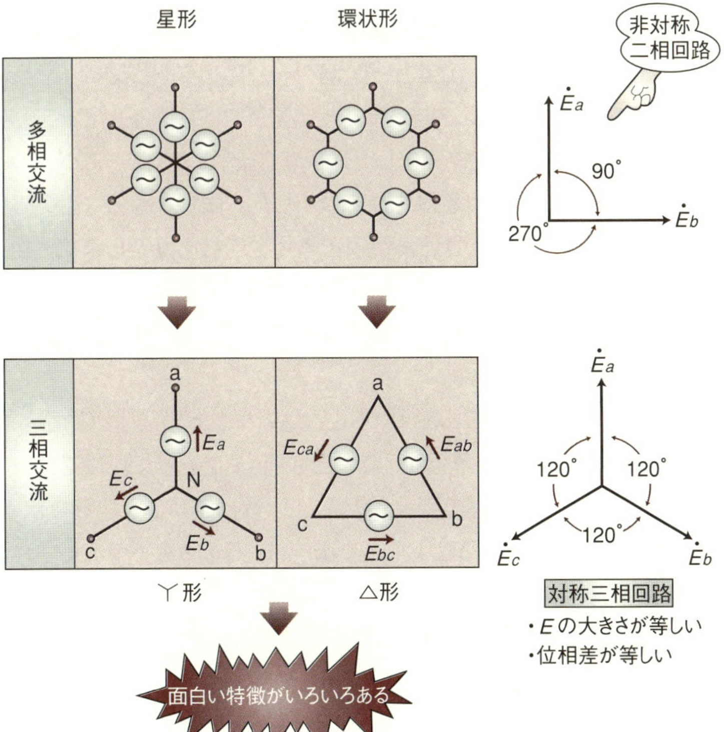

	星形	環状形
多相交流		

非対称二相回路

$\dot{E}_a$ ／ 90° ／ 270° ／ $\dot{E}_b$

	星形	環状形
三相交流	Y形	△形

対称三相回路
- Eの大きさが等しい
- 位相差が等しい

$\dot{E}_a$, $\dot{E}_b$, $\dot{E}_c$ — 120° ずつ

面白い特徴がいろいろある

ベクトルオペレータaの登場

　三相交流電圧について考えてみましょう。三相起電力をそれぞれE_a、E_b、E_cとすると、その瞬時値の順番は位相差によりabcの順で現れてきます。すなわち、bはaより120°遅れ、cはbより120°遅れます。そして見かけ上aはcより120°遅れます。でも基準をaとして、後はみんな位相が遅れていると考えた方がすっきりします。これを相順または相回転方向といいます。

　a相を基準にしてベクトル図を書いてみましょう。各相間の位相差は$2\pi/3$〔rad〕（120°）ですから、前ページのベクトル図のようになります。このとき、電圧の大きさを1としてベクトル図を見てみましょう。それぞれが120°ずつ変化しています。そういえば、jはベクトルの位相を90°ずつ進ませる働きがありました。同じように、このベクトルを120°ずつ変化させる作用子を考え、これをaとします。相順を相回転と書きましたが、相順は後で述べるように回転ベクトルのことです。作用子aは静止ベクトル上での表示方法で、jの回転と同様、反時計回りで考えてください。

　そうすると、jと同様にaを掛けることは、ベクトルを120°進ませる（遅れで示すと240°遅らす）こととなり、aをさらに掛けて2乗すると240°進ませる（遅れで示すと120°遅らす）ことになります。さらにaを掛けて3乗すると1に戻りますね。このaをベクトルオペレータと呼んでいます。

　また、aは、$a=e^{j2\pi/3}$と指数関数で表すことができます。ですから、aで割ることは、位相を120°遅らすことになります。

　こうして、大きさ1の三相交流を1、a^2、aで表すことができました。大きさがEなら、1、a^2、aにEを掛ければいいわけです。そして、

ベクトルオペレータ a の登場

$1+a^2+a$ すなわち、この3つを加えるとベクトルは0になります。

複素数 j の働き

ベクトルオペレータ a は、ベクトルにくっつくよ。

ベクトルオペレータ a の働き

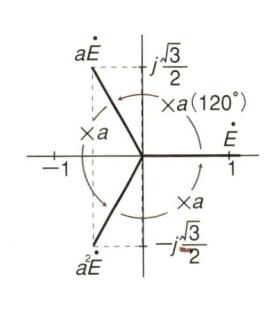

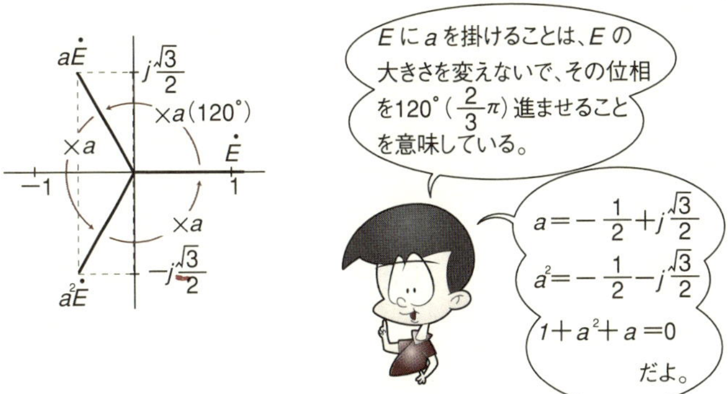

E に a を掛けることは、E の大きさを変えないで、その位相を $120°\left(\dfrac{2}{3}\pi\right)$ 進ませることを意味している。

$a = -\dfrac{1}{2} + j\dfrac{\sqrt{3}}{2}$

$a^2 = -\dfrac{1}{2} - j\dfrac{\sqrt{3}}{2}$

$1 + a^2 + a = 0$

だよ。

進んだり遅れたり 三相電圧と電流の関係

　起電力がY結線の場合の三相交流電源を考えてみましょう。このとき、各相の電圧を相電圧といい、a、b、c端子間の電圧を線間電圧といいます。

　相電圧と線間電圧の関係は、図のように各相のベクトル的な引き算になります。つまり $\dot{V}_{ab} = \dot{E}_a - \dot{E}_b$ です。V_{ab} の小文字abと引き算の関係を忘れないようにしましょう。線間電圧はベクトル図のように

　　　線間電圧 $= \sqrt{3} \times$ 相電圧

となり、各線間電圧の位相は、各相電圧よりも30°($\pi/6$)進んでいることがわかります。また、このことは電圧 V_{ab} の相電圧を△結線し、対称三相回路と等価（回路的に等しいということです）であるといえます。

　次に△結線された対称三相負荷に、対称三相電圧を加えたときの電流を考えてみましょう。各相の電流は、キルヒホッフの第2法則から簡単に求められます。そして対称三相負荷ですから、各相の電流、すなわち相電流もそれぞれ120°($2\pi/3$)の位相差を持っています。

　また各線の電流、すなわち線電流はキルヒホッフの第1法則により、各相電流のベクトル的な引き算になります。つまり、a点においては $\dot{I}_a = \dot{I}_{ab} - \dot{I}_{ca}$ となります。したがって、ベクトル図より

　　　線電流 $= \sqrt{3} \times$ 相電流

となり、各線電流の位相は、各相電流よりも30°($\pi/6$)遅れていることがわかります。

　では、電源がY結線で、負荷が△結線のときの電圧と電流の関係はどうなるでしょうか。次は、それらを順番に考えていきましょう。

進んだり遅れたり 三相電圧と電流の関係

三相交流電源での電圧と電流の関係

Y結線
相電圧 E

$\dot{E}_c$, $\dot{E}_a$, $\dot{E}_b$
線間電圧

√3倍 30°進み

相電圧　線間電圧
（兄弟みたいなもの）

変身開始！

$-\dot{E}_a$, $\dot{E}_c$, $\dot{V}_{ab}$, $-\dot{E}_b$, 30°, $\dot{E}_a$, $\dot{E}_b$, $-\dot{E}_c$, $\dot{V}_{ca}$, $\dot{V}_{bc}$

$\dot{V}_{ab} = \dot{E}_a - \dot{E}_b$
大きさは√3倍

ベクトル合体！

△結線
V は線間電圧

$\dot{V}_{ca}$, $\dot{E}_c$, $\dot{E}_a$, $\dot{V}_{bc}$, $\dot{E}_b$, $\dot{V}_{ab}$

変身完了！

$\dot{V}_{ca}$, $\dot{V}_{ab}$, $\dot{V}_{bc}$

△結線
大きさ√3倍、位相30°進み

（電流の場合）

$\dot{I}_a$, $\dot{I}_{ab}$, $\dot{I}_c$, $\dot{I}_{ca}$, $\dot{I}_{bc}$, $\dot{I}_b$

線電流は、相電流の√3倍の大きさで、位相は30°遅れている。

不思議で便利　Y形電源Y形負荷

　対称三相回路でY形電源とY形負荷の組合せについて考えます。点NとN'を結んだ回路を考えてみましょう。キルヒホッフの法則から単相交流の組合せだということがひと目でわかりますね。

　では、N－N'の電流を求めてみましょう。キルヒホッフの法則から相電流i_a、i_b、i_cを足し算すればいいことがわかります。対称三相回路ですからi_a、i_b、i_cは大きさが等しく、位相が120°ずつ離れています。ということは、ベクトルオペレータのところで説明したように、3つを合計すると0になってしまいます。

　つまり、N－N'には電流が流れないのです。電流が流れなければ、電線も必要ありません。これはすごいことだと思いませんか。このような特徴から、電力会社の発電所や送電線などに三相交流方式が用いられているわけです。非対称ではこんなにうまくいきません（その辺のお話は後で説明したいと思います）。

　また、このとき、
　　　線間電圧＝$\sqrt{3}$×相電圧（30°進み）
　　　線電流＝相電流
となり、線間電圧に比べて線電流は30°遅れた形になります。

　次に電源がY結線で、負荷が△結線のときの電圧と電流の関係を考えてみましょう。線間電圧は相電圧より30°進んでいて、その電圧が各負荷に加わります（相電圧ではなく線間電圧が加わることに注意しましょう）。線間電圧と同相の相電流が流れて、相電流が30°遅れた線電流になります。つまり、線間電圧より30°遅れた線電流です。線間電圧は相電圧より30°進んでいますから、まず30°進んで、次に30°遅れると、結果として同相ということになります。同じように、電

不思議で便利　Y形電源Y形負荷

流の大きさは、線間電圧が$\sqrt{3}$倍で、線電流も$\sqrt{3}$倍ですから、$\dot{I}_a = 3\dot{V}_a/\dot{Z}$となります。これは、$\dot{Z}/3$の負荷をY結線したことと同じになります。つまり、線電流を求める場合△結線負荷は、$\dot{Z}/3$の負荷をY結線したことと等価であるということができます。

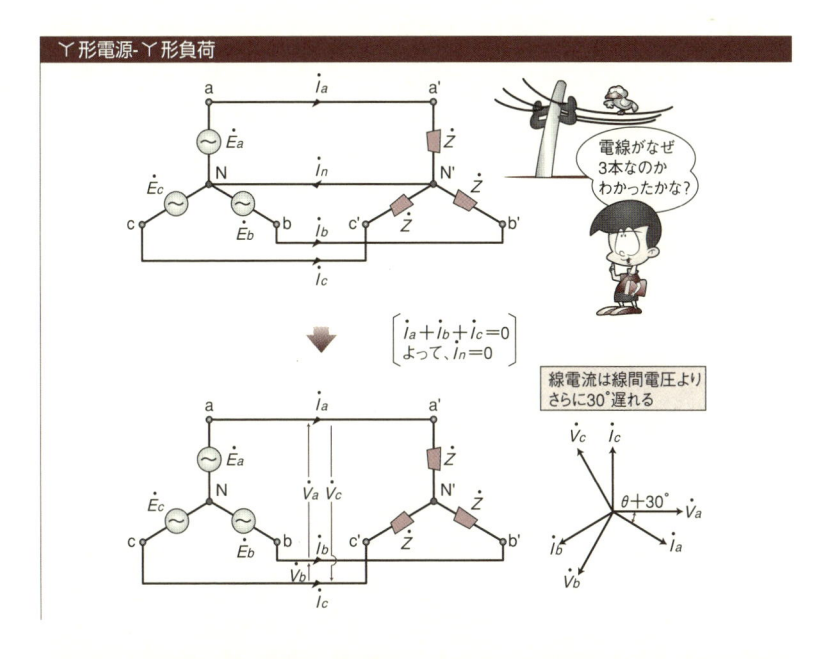

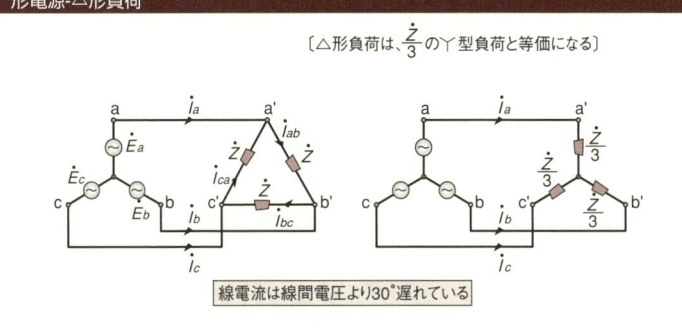

Y形電源-Y形負荷

$$\begin{cases} i_a + i_b + i_c = 0 \\ \text{よって、} I_n = 0 \end{cases}$$

線電流は線間電圧よりさらに30°遅れる

電線がなぜ3本なのかわかったかな？

Y形電源-△形負荷

〔△形負荷は、$\dfrac{\dot{Z}}{3}$のY型負荷と等価になる〕

線電流は線間電圧より30°遅れている

とっても簡単　△電源の場合

　それでは、対称△形電源に対称Ｙ形負荷をつないだ場合を考えてみましょう。もう、簡単に解けると思います。△電源をＹ電源に変換して考えればいいのです。つまり、大きさが$1/\sqrt{3}$で位相が30°遅れたＹ電源を考えればいいわけです。ベクトル図をよく見て、理解しておきましょう。

　最後に△形電源と△形負荷について見てみましょう。△とＹの組合せは、これで最後ですね。まず、相電流ですがキルヒホッフの法則から線間電圧（＝相電圧と等しい）をその相のインピーダンスで割ればOKです。せっかくですから、少し詳しく考えてみましょう。まず電源と負荷をそれぞれＹ形に変換してみます。

　①電源は線間電圧の$1/\sqrt{3}$で、位相30°遅れの相電圧
　②負荷は$\dot{Z}/3$の大きさのＹ結線

　Ｙ－Ｙですから、相電流＝線電流です。したがって、線電流は①÷②で、「大きさ$\sqrt{3}$、位相30°遅れ」となります。これを、△負荷の相電流に変換すると、「線電流は相電流の$\sqrt{3}$倍で30°遅れ」の逆になりますから、「大きさ$1/\sqrt{3}$、位相30°進み」となります。したがって、「大きさ$\sqrt{3}$倍、位相30°遅れ」のものを「大きさ$1/\sqrt{3}$、位相30°進み」にしますから、結局大きさも位相も元に戻ってしまいます。すなわち、△－△回路では、単純に各負荷に加わっている相電圧を、その相のインピーダンスで割ればよいことがわかります。順番に考えていけばとても簡単です。

　なお、三相交流回路の計算は、普通は線間電圧と線電流を求める計算が大部分です。でも、時々は相電圧と相電流についても思い出すようにしてください。

とっても簡単　△電源の場合

△形電源-Y形負荷

電流が遅れているから誘導性の負荷でベクトルは書いているよ！

△形電源をY形電源に変換
① 相電圧の大きさは$1/\sqrt{3}$
② 位相は30°遅れ

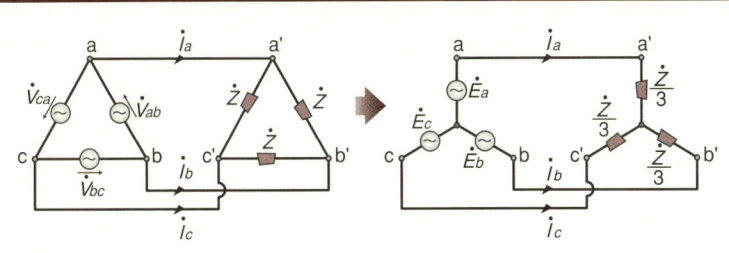

△形電源-△形負荷

① 電源は大きさ$1/\sqrt{3}$、位相30°遅れの相電圧
② 負荷は$\dot{Z}/3$の大きさのY結線

103

線電流で求める三相交流の電力

　三相交流は単相交流が3個結線されたものですから、その電力はそれぞれの単相交流の電力P_a、P_b、P_cを加えたものになります。単相交流の電力は$P=VI\cos\theta$で表され、VとIは実効値、$\cos\theta$は力率、電力Pは平均電力または有効電力であるということを思い出してください。

　この考え方は、一般的な三相交流の場合、つまり電源や負荷が対称でない場合でも成り立つものです。それでは、電源も負荷も対称の場合、つまり対称三相回路の場合はどうでしょうか。この場合、各相の実効値E、相電流の実効値I、各負荷は等しいので

　　$P=3\times$相電圧$\times$線電流$\times\cos$（相電圧と相電流の位相差）
　　　$=3EI\cos\theta$〔W〕

となります。

　ところで、対称三相交流回路では線間電圧と線電流を使用することが多いわけですから、これを用いて電力を表すことにしましょう。

　①Y結線　相電圧$=1/\sqrt{3}\times$線間電圧　相電流$=$線電流
　②△結線　相電圧$=$線間電圧　相電流$=1/\sqrt{3}\times$線電流

　ですから、上の式にこの関係をあてはめると、Y結線の場合でも、△結線の場合でも

　　$P=\sqrt{3}\times$線間電圧$\times$線電流$\times\cos$（相電圧と相電流の位相差）
　　　$=\sqrt{3}VI\cos\theta$〔W〕

となり、まったく同じ結果になります。つまり、線間電圧と線電流を用いれば、結線方法は気にしなくていいわけです。実線路では線間電圧と線電流のほうが測定が簡単です。これで、三相交流の計算がずっと簡単になりそうです。この公式をしっかり覚えてください。

線電流で求める三相交流の電力

三相交流の電力を線電流で求める

三相交流の電力
↓
単相交流×3個
$P = 3EI\cos\theta$ 〔W〕
↓
👉 線間電圧と線電流を使用すると

三相交流の電力は、Y結線でも△結線でも、線間電圧と線電流を使えば、同じ式になるよ

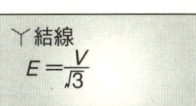

Y結線
$E = \dfrac{V}{\sqrt{3}}$
相電流＝線間電流 I

↓

$P = 3 \times \dfrac{V}{\sqrt{3}} \times I \times \cos\theta$
$= \sqrt{3}\, VI \cos\theta$

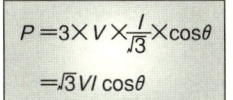

△結線
$E = V$
相電流 $= \dfrac{\text{線間電流} I}{\sqrt{3}}$

↓

$P = 3 \times V \times \dfrac{I}{\sqrt{3}} \times \cos\theta$
$= \sqrt{3}\, VI \cos\theta$

握手

$P = \sqrt{3}\, VI \cos\theta$

モーターの素　回転磁界

　図のように、自由に回転できる磁石に、やはり自由に回転できる円筒形の導体を置き、磁石を回転させると円筒は磁石と同じ方向に少し遅れて回転します。これは誘導電動機の原理で、磁石の回転によりその中の磁界も回転しますから、これを回転磁界といいます。

　磁石本体を回転させるのは容易ではありませんし、実用的でもありません。実はこの回転磁界を発生させるのに磁石ではなく、固定された三相巻線に三相交流を流すことにより発生させることができます。

　電線に電流を流すと、電流の向きを右ねじの進む方向として、ねじの回転する向きに電流の大きさに比例した磁界が発生します。これを「アンペアの右ねじの法則」といいます。それでは、3個のコイルをそれぞれ120°ずつ離して配置し、このコイルに三相交流電流を流します。このとき、コイルの軸（中心）にできる磁界は各電流の瞬時値に比例しますから、電流と同じように正弦波で変化し、そして3個のコイルの磁界がベクトルで合成されます。これを合成磁界といいます。

　合成磁界ができる様子を図に示してありますが、合成磁界は、いかなる瞬間においても、1個のコイルがつくる最大磁界の3/2倍で一定値となり、その方向は電流と同様の一定角速度 ω で、コイルに流れる電流の相順の方向に回転します。これが回転磁界です。

　この速度を同期速度 N といい、1分間あたりの回転数で示します。電動機の磁極の数は、電流が流入して戻って来るコイル1対に対し2極になり、速度は周波数 f と同じですから、極数を p とすれば1分間では

$$同期速度 N = \frac{120f}{p} \text{〔回/分〕}$$

で表すことができます。三相交流は電動機の回転のために、とても大切

モーターの素　回転磁界

な働きをするということがわかります。

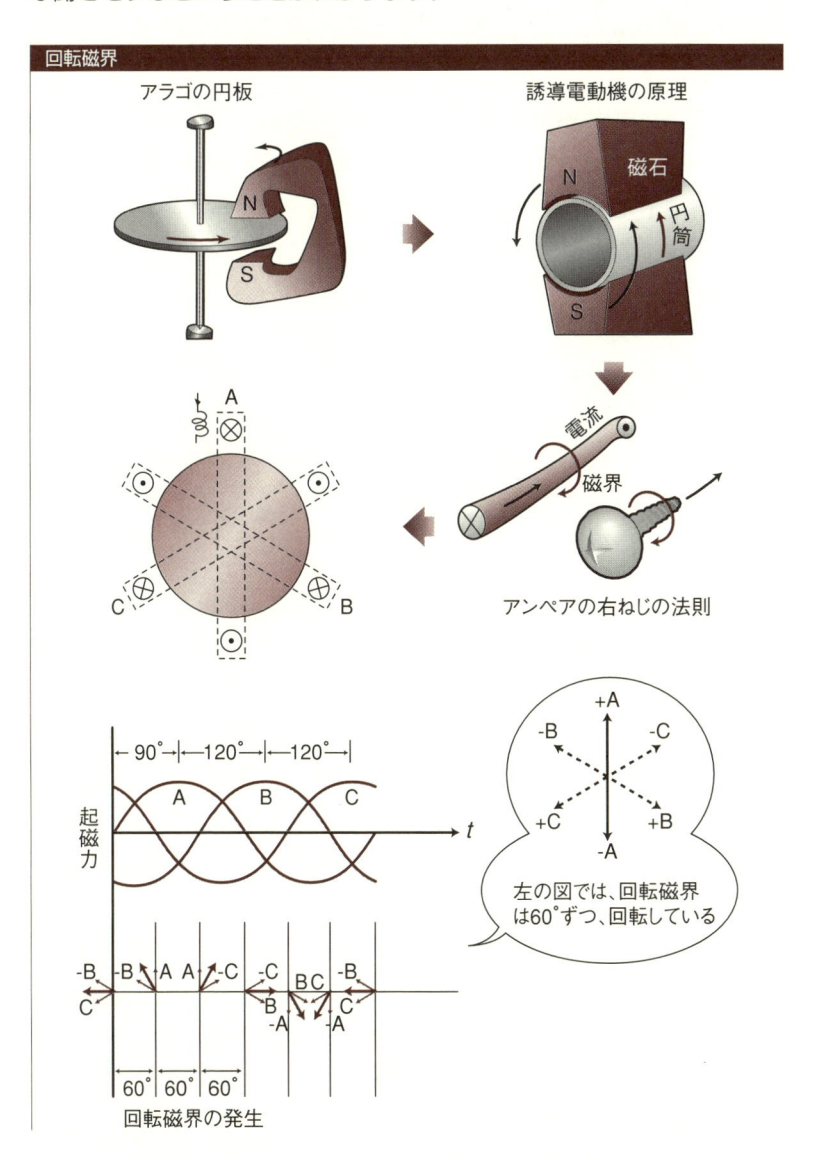

回転磁界

アラゴの円板

誘導電動機の原理

アンペアの右ねじの法則

左の図では、回転磁界は60°ずつ、回転している

回転磁界の発生

くまとりって何？　単相モーター

　三相交流で回転磁界ができるのは、わかりやすいのですが、単相交流ではどうしているのでしょうか。いろいろな方式があるのですが、まず単相交流でモーターが回転する原理から考えましょう。

　単相交流でできる磁界は交番磁界といい、時間的に増えたり減ったりするだけで、モーターが回転を開始するトルクを発生していません。しかし、この交番磁界は、ベクトル的に考えると、これを互いに反対方向に回転する大きさ1/2の回転磁界に分けることができます。したがって、静止状態ではいつまでたっても始動しませんが、外力によりいずれかの方向に始動してやれば、その方向に同期速度付近まで加速することになります。つまり、単相誘導電動機は自始動装置を持つことが必要で、その自始動装置によっていろいろな種類があります。

　①**くまとりコイル形**　くまとりってなんだと思いますか。プロレスなどで顔にすごい化粧した選手がいますね。あれを隈（くま）といい、湾曲して入り組んだところを意味します。英語だとシェイディングコイルといい、このシェイドはシャドウと同じように影や明暗を意味します。シャドウピッチングなんていいますね。つまり、通常の固定子（これを凸極形といいます）の中心から外れた位置に、くまとりコイルというコイルを施設します。このくまとりコイル部分の磁束は、主磁束より遅れるため移動磁界が発生し、回転のためのトルクが発生します。

　②**コンデンサ始動形**　主巻線に並列に始動巻線（補助巻線）を設け、この始動巻線の電流の位相をコンデンサにより進めて始動トルクを発生します。定格速度の約80％程度になると、遠心力スイッチにより始動巻線を切り離します。コンデンサではなくコイルによる方法もあり、これらを総称して分相始動形といいます。

くまとりって何？　単相モーター

単相交流でモーターが回転する原理

単相モーター

○単相交流の磁束

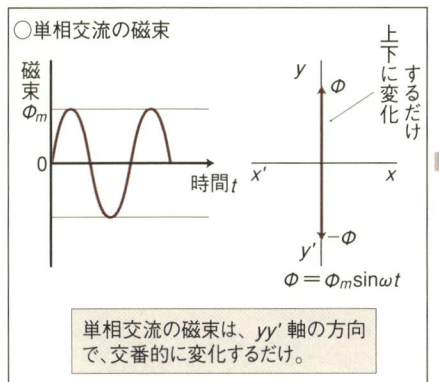

磁束 ϕ_m ／時間 t

y 軸方向に上下に変化するだけ

$\phi = \phi_m \sin\omega t$

単相交流の磁束は、yy'軸の方向で、交番的に変化するだけ。

○分離すると

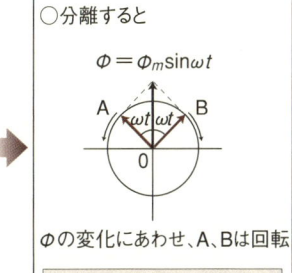

$\phi = \phi_m \sin\omega t$

A、B（ωt）

ϕの変化にあわせ、A、Bは回転

交番磁束は、大きさ$\dfrac{\phi_m}{2}$で、反対方向に回転する回転磁束に分解できる。

くまとりコイル形

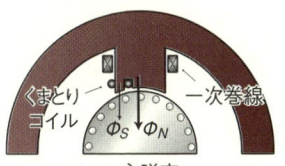

くまとりコイル　一次巻線
ϕ_S　ϕ_N

ϕ_N…主磁束
ϕ_S…くまとりコイルの磁束

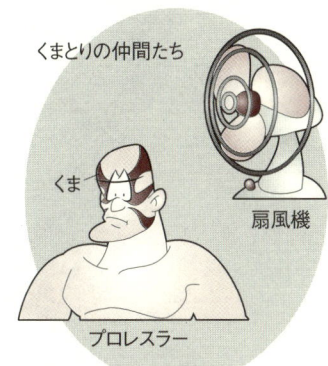

コンデンサ始動形

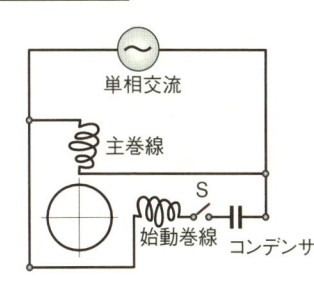

単相交流
主巻線
S
始動巻線　コンデンサ

くまとりの仲間たち

くま
プロレスラー
扇風機

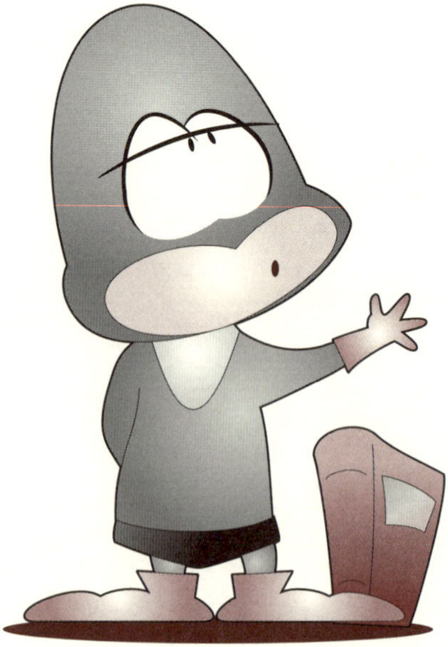

5

電気回路　上級編

　電気回路は、三相交流で満足してしまってはいけません。これからが素晴らしいミラクルワールドなのです。ちょっと難しい部分もありますが、この章では電気回路の奥深さの片鱗(へんりん)を紹介します。その世界に驚かれることでしょう。また、興味のある方は、各項目についてそれぞれ詳しい解説書がありますから、ぜひ挑戦してみましょう。ただし、事前に数学も少し学習しておきましょう。

基本に帰ろう 不平衡三相回路

　対称でない負荷が接続されている場合、今までのように簡単に回路に電流を求めることができません。しかし、不平衡三相回路も、単相回路を組み合わせたものとして考え、回路計算の原点であるキルヒホッフの法則を適用すれば、単相回路と同じように電流分布や電圧分布を求めることができます。

　Ｙ－Ｙ回路の場合、計算にあたっては、まず中性点に電流に対するキルヒホッフの第１法則を適用します。次に、線間電圧に第２法則を適用します。このとき、相電圧と線間電圧の関係に十分注意しましょう。これで、準備はＯＫです。あとは、頑張って方程式を解くだけです。

　また、回路の結線方式によっては負荷のＹ－△変換を駆使しましょう。そうすると、計算がとても簡単になる場合があります。負荷が△結線の場合は、負荷の相電流を求めてから、線電流に変換する方法が便利です。いずれにしても、今までの回路計算の延長であり、恐れることは何もありません。

　不平衡三相回路の一番の特徴は、平衡三相回路と違い電源と負荷のそれぞれの中性点間に電圧が現れるということです。ですから、負荷の中性点の電圧を$\dot{V}_0$とおいて、電流$\dot{I}_a$、$\dot{I}_b$、$\dot{I}_c$と$\dot{V}_0$を求める場合があります。$\dot{V}_0$とおかない場合は、電源電圧から負荷の端子電圧を引くと、中性点の電圧が個別に求められます。また、電源と負荷の中性点をググッと引っ張ってひっくり返すと一見単純な回路になります。これから、直ちに$\dot{V}_0$を求めることもでき、とても便利な方法です（ミルマンの定理といいます）。

　また、電源に交流発電機がある場合、発電機内の相互インピーダンスなどがあることから、対称座標法という便利な方法で解くことになり

ます。

不平衡三相回路はキルヒホッフの法則で解こう！

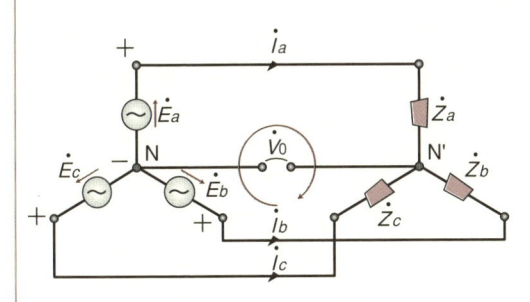

キルヒホッフの法則

$$\dot{I}_a + \dot{I}_b + \dot{I}_c = 0$$
$$\dot{Z}_a \dot{I}_a - \dot{Z}_b \dot{I}_b = \dot{E}_a - \dot{E}_b$$
$$\dot{Z}_b \dot{I}_b + \dot{Z}_c (\dot{I}_a + \dot{I}_b) = \dot{E}_b - \dot{E}_c$$

解くのはあなたです

中性点間の電圧 $\dot{V}_0 = \dot{E}_a - \dot{Z}_a \dot{I}_a$

ミルマンの定理の図も三相回路だよ！よく見てね！

ミルマンの定理

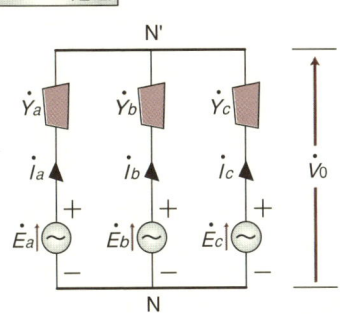

$$\dot{V}_0 = \frac{\dot{I}_a + \dot{I}_b + \dot{I}_c}{\dot{Y}_a + \dot{Y}_b + \dot{Y}_c}$$

$$= \frac{\dot{E}_a \dot{Y}_a + \dot{E}_b \dot{Y}_b + \dot{E}_c \dot{Y}_c}{\dot{Y}_a + \dot{Y}_b + \dot{Y}_c}$$

不平衡計算の手品師　対称座標法

電源に交流発電機がある場合の不平衡回路は、発電機内の相互インピーダンスを考えなければならないことや、発電機が回転しているという特殊事情から、単純には計算できません。これを解決する便利な方法が対称座標法です。どんな不平衡回路であっても、この方法を使うと、そのときの電圧や電流を簡単に求めることができます。

単相モーターのところで、1つの交番磁界について回転が逆方向の2つの回転磁界に分解しました。対称座標法も、名前は難しそうですがこれと似ています。回路計算の電圧、電流、インピーダンスといった要素を、別な形（対称分）に分解して計算します。

三相回路のabcの各線電流i_a、i_b、i_cを、3つの新たな電流i_0、i_1、i_2の組合せとします。それぞれの名前と働きは次のとおりです。

①i_0（零相分）　i_a、i_b、i_cに同じ大きさ、同じ位相で流れる単相交流

②i_1（正相分）　i_a、i_b、i_cに同じ大きさで、位相差120°（正回転：反時計式）でそれぞれ流れる平衡三相交流

③i_2（逆相分）　i_a、i_b、i_cに同じ大きさで、位相差120°（逆回転：時計式）でそれぞれ流れる平衡三相交流

零相電流は主に地絡故障（電線の大地との絶縁がなくなり、大地に電流が流れ込む故障）で流れます。零相電流は単相なので、その磁束は三相のように合計が零にはならず、通信線に電磁誘導障害などを発生させます。

正相電流は通常の平衡三相交流で、電車を走らせたり工場のモーターを回転させる原動力になるものです。

逆相電流は、正相電流とは回転方向が逆なのでモーターを止めよう

不平衡計算の手品師　対称座標法

とする働きがあります。逆相分も何か悪さをしそうですね。

　また、電圧についても同様に表すことができます。それぞれの式でaはベクトルオペレータでのことです。ここでは、式はともかく、対称座標法の考え方と働きについて理解しましょう。

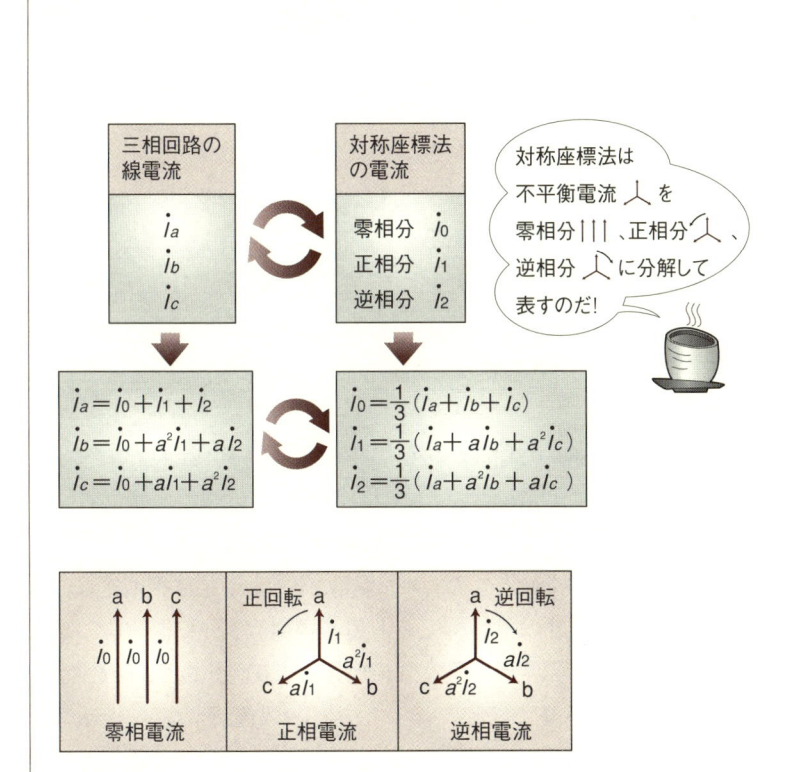

対称座標法

三相回路の線電流
i_a
i_b
i_c

対称座標法の電流
零相分　i_0
正相分　i_1
逆相分　i_2

対称座標法は不平衡電流を零相分、正相分、逆相分に分解して表すのだ！

$$i_a = i_0 + i_1 + i_2$$
$$i_b = i_0 + a^2 i_1 + a i_2$$
$$i_c = i_0 + a i_1 + a^2 i_2$$

$$i_0 = \frac{1}{3}(i_a + i_b + i_c)$$
$$i_1 = \frac{1}{3}(i_a + a i_b + a^2 i_c)$$
$$i_2 = \frac{1}{3}(i_a + a^2 i_b + a i_c)$$

零相電流：a b c, i_0 i_0 i_0

正相電流：正回転　a i_1, b $a^2 i_1$, c $a i_1$

逆相電流：逆回転　a i_2, b $a i_2$, c $a^2 i_2$

発電機の基本式が基本

前ページで対称座標法は、交流発電機を含む回路で有効だと説明しましたので、どのように使われるか、そのさわりを見てみましょう。

結論からいうと、そのさわりとは「発電機の基本式」といわれるものを使用することです。対称三相発電機の無負荷誘導起電力を$\dot{E}_a$、$\dot{E}_b$、$\dot{E}_c$、対称分のそれぞれのインピーダンスを$\dot{Z}_0$、$\dot{Z}_1$、$\dot{Z}_2$とすると、次のように表されます。

発電機の基本式
$$\dot{V}_0 = -\dot{Z}_0 \dot{I}_0$$
$$\dot{V}_1 = \dot{E}_a - \dot{Z}_1 \dot{I}_1$$
$$\dot{V}_2 = -\dot{Z}_2 \dot{I}_2$$

これが、そんなに便利なの? と思われるかもしれませんが、発電機がどんな不平衡な状態になっても、この式を使って$\dot{V}_0$、$\dot{V}_1$、$\dot{V}_2$を求め、$\dot{V}_0$、$\dot{V}_1$、$\dot{V}_2$と各線間電圧の関係から、実際の$\dot{V}_a$、$\dot{V}_b$、$\dot{V}_c$を求めることができます。

具体的に、発電機のa相が地絡した場合を見てみましょう。実際は、b相、c相に電流は流れませんが、対称座標法ではb相、c相に対称分の電流が流れ、それらの合計が零になると考えます。

ですから、計算の条件として$\dot{I}_b = \dot{I}_c = 0$、また、a相は接地されたので電圧が零になりますから$\dot{V}_a = 0$として、線電流と対称座標法の電流との関係式、および発電機の基本式に代入します。そして、求めた$\dot{I}_0$、$\dot{I}_1$、$\dot{I}_2$を$\dot{I}_a$の式に代入することにより、a相の故障電流(すなわち$\dot{I}_a$)が求まります。同じように$\dot{V}_0$、$\dot{V}_1$、$\dot{V}_2$から、$\dot{V}_b$、$\dot{V}_c$を求めることができます。

また、電流値$\dot{I}_a$の式を$\dot{E}_a / \dot{I}_a$に変換し、発電機コイルの等価的インピーダンスをみると1/3がかかっています。$\dot{Z}_0$と$\dot{Z}_2$は$\dot{Z}_1$に較べて小さ

いので、三相短絡より大きな地絡電流が流れることがわかります。

このように対称座標法は、2端子が地絡した場合や断線時など複雑な計算の場合でも、同様にして電圧や電流を求めることができ、とても役に立つ方法なのです。

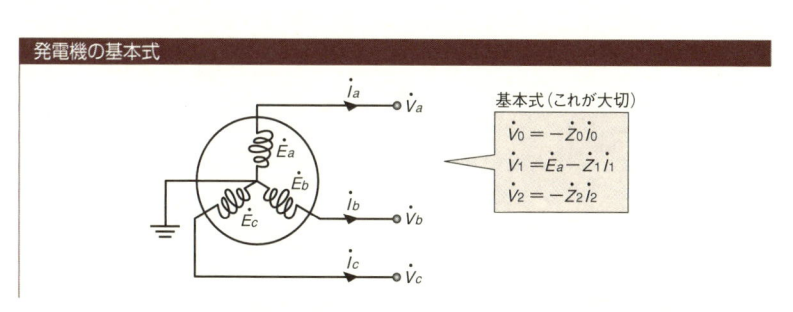

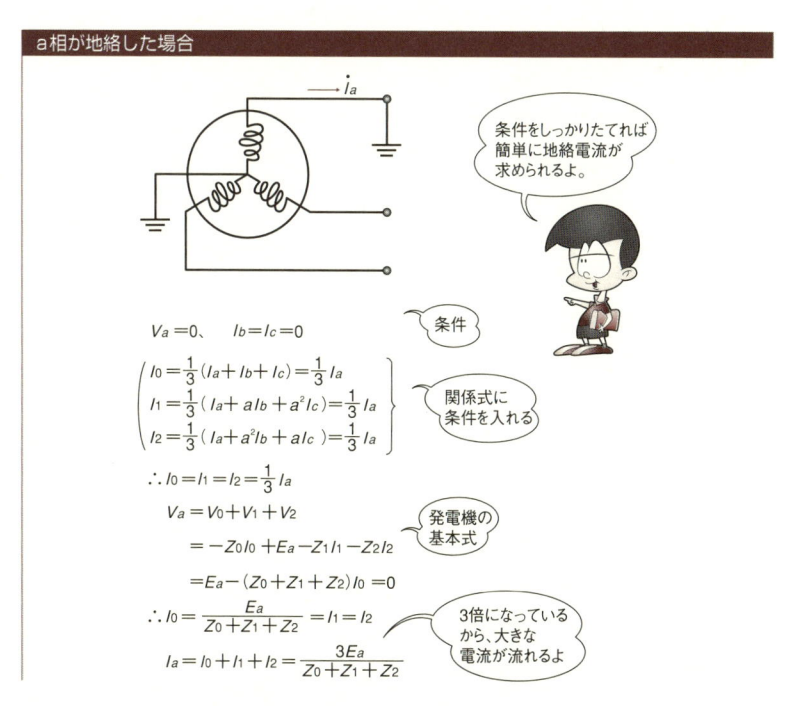

発電機の基本式

基本式（これが大切）
$$\dot{V}_0 = -\dot{Z}_0 \dot{I}_0$$
$$\dot{V}_1 = \dot{E}_a - \dot{Z}_1 \dot{I}_1$$
$$\dot{V}_2 = -\dot{Z}_2 \dot{I}_2$$

a相が地絡した場合

条件をしっかりたてれば簡単に地絡電流が求められるよ。

条件
$$V_a = 0, \quad I_b = I_c = 0$$

関係式に条件を入れる
$$\begin{cases} I_0 = \frac{1}{3}(I_a + I_b + I_c) = \frac{1}{3}I_a \\ I_1 = \frac{1}{3}(I_a + aI_b + a^2 I_c) = \frac{1}{3}I_a \\ I_2 = \frac{1}{3}(I_a + a^2 I_b + aI_c) = \frac{1}{3}I_a \end{cases}$$

$$\therefore I_0 = I_1 = I_2 = \frac{1}{3}I_a$$

発電機の基本式
$$V_a = V_0 + V_1 + V_2$$
$$= -Z_0 I_0 + E_a - Z_1 I_1 - Z_2 I_2$$
$$= E_a - (Z_0 + Z_1 + Z_2)I_0 = 0$$

$$\therefore I_0 = \frac{E_a}{Z_0 + Z_1 + Z_2} = I_1 = I_2$$

3倍になっているから、大きな電流が流れるよ

$$I_a = I_0 + I_1 + I_2 = \frac{3E_a}{Z_0 + Z_1 + Z_2}$$

結果で勝負　四端子定数

　送電線のような実際の系統では、途中の状況を省略して送電端と受電端での電圧と電流の関係が問題になります。この場合は、内部に電源を持たない四端子回路として、原因（入力）と結果（出力）だけを考えたほうが、いろいろ便利です。

　四端子回路では、入力（送電端）側の電圧と電流を$\dot{V}_1$、$\dot{I}_1$、出力側（受電端）を$\dot{V}_2$、$\dot{I}_2$とすると、これらの関係は次のように表されます。

$$\dot{V}_1 = \dot{A}\dot{V}_2 + \dot{B}\dot{I}_2$$
$$\dot{I}_1 = \dot{C}\dot{V}_2 + \dot{D}\dot{I}_2$$

　この式の$\dot{A}$、$\dot{B}$、$\dot{C}$、$\dot{D}$を四端子定数と呼び、$\dot{A}\dot{D} - \dot{B}\dot{C} = 1$という大切な関係があります。

　四端子定数は次のように求めます。

　①$\dot{A}$は、$\dot{I}_2 = 0$すなわち出力側を開放し、$\dot{A} = \dot{V}_1/\dot{V}_2$（電圧比）。

　②$\dot{B}$は、$\dot{V}_2 = 0$すなわち出力側を短絡し、$\dot{B} = \dot{V}_1/\dot{I}_2$。電圧を電流で割っているからインピーダンスの一種であり、短絡伝達インピーダンスという。

　③$\dot{C}$は、$\dot{I}_2 = 0$すなわち出力側を開放し、$\dot{C} = \dot{I}_1/\dot{V}_2$。$\dot{B}$とは逆に、開放伝達アドミタンスという。

　④$\dot{D}$は、$\dot{V}_2 = 0$すなわち出力側を短絡し、$\dot{D} = \dot{I}_1/\dot{I}_2$(電流比)。

　実際は定数が3つ求まれば、残りは$\dot{A}\dot{D} - \dot{B}\dot{C} = 1$の関係から求めることができます。

　四端子回路の電圧と電流の関係式は、数学的にはマトリクスという行列式で示すことができます。マトリクスは縦続接続した場合に、例に示すように行列の積により合成した四端子をつくることができます。このことは、基本的な回路の四端子定数がわかっていれば、その行列の積

結果で勝負　四端子定数

により複雑な回路の四端子定数も簡単に求めることができることとなり、回路計算では非常に便利な性質となります。

四端子定数

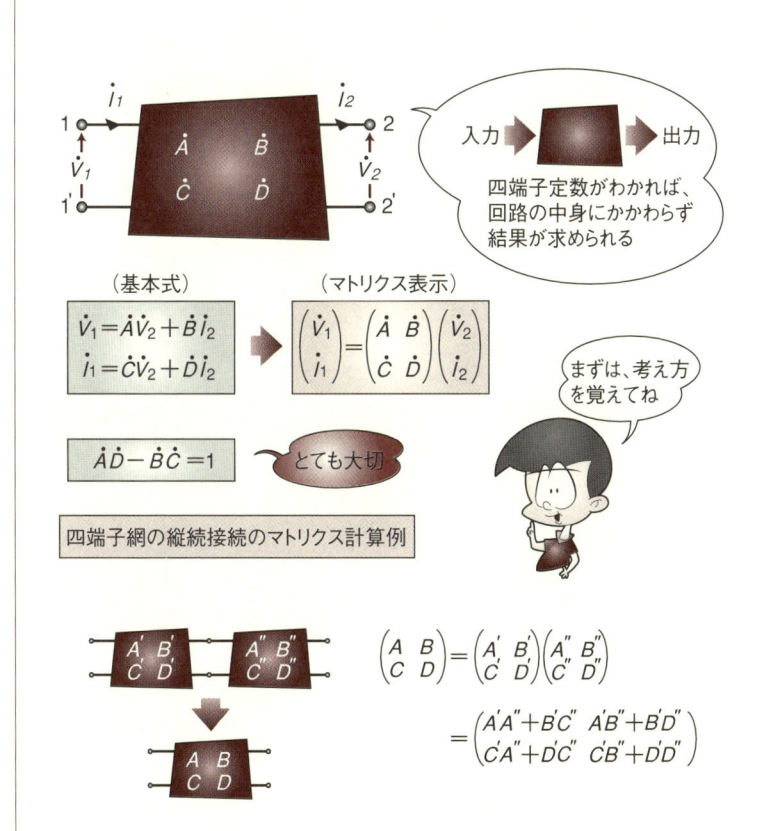

入力 ➡ ➡ 出力

四端子定数がわかれば、回路の中身にかかわらず結果が求められる

（基本式）
$$\dot{V}_1 = \dot{A}\dot{V}_2 + \dot{B}\dot{I}_2$$
$$\dot{I}_1 = \dot{C}\dot{V}_2 + \dot{D}\dot{I}_2$$

（マトリクス表示）
$$\begin{pmatrix} \dot{V}_1 \\ \dot{I}_1 \end{pmatrix} = \begin{pmatrix} \dot{A} & \dot{B} \\ \dot{C} & \dot{D} \end{pmatrix} \begin{pmatrix} \dot{V}_2 \\ \dot{I}_2 \end{pmatrix}$$

まずは、考え方を覚えてね

$$\dot{A}\dot{D} - \dot{B}\dot{C} = 1$$

とても大切

四端子網の縦続接続のマトリクス計算例

$$\begin{pmatrix} A & B \\ C & D \end{pmatrix} = \begin{pmatrix} A' & B' \\ C' & D' \end{pmatrix} \begin{pmatrix} A'' & B'' \\ C'' & D'' \end{pmatrix}$$

$$= \begin{pmatrix} A'A'' + B'C'' & A'B'' + B'D'' \\ C'A'' + D'C'' & C'B'' + D'D'' \end{pmatrix}$$

交流が波になる 分布定数回路

　今までは、抵抗やインダクタンスなどを、あたかも一点に集中している定数として扱ってきました。このような回路を集中定数回路といいます。しかし、送電線のような現実の回路では、抵抗やインダクタンスは空間的に広がって分布しています。多くの場合は、集中定数回路として扱って問題ないのですが、長距離送電線や周波数の高い通信線などは、その影響が大きく、位置により電圧や電流が異なるため、抵抗などが広く分布している分布定数回路として扱う必要がでてきます。

　今、無限に長い交流回路を考えます。単位長さ当たりの抵抗 R、自己インダクタンス L、漏れコンダクタンス G、静電容量 C とすると、$\dot{Z} = R + j\omega L$、$\dot{Y} = G + j\omega C$ となり、さらに

$$Z_0 = \sqrt{(Z/Y)},\ \gamma = \sqrt{(ZY)} = \alpha + j\beta$$

とすると、送電端の電圧 $\dot{E}_s$、電流 $\dot{I}_s$ から、x 点の電圧と電流は

$$\dot{E} = E_s \varepsilon^{-\gamma x},\ \dot{I} = E_s / Z_0 \varepsilon^{-\gamma x}$$

で表されることになります。

　何やら難しそうな式になってきましたが、気にしないで先に進みましょう。上の式で、$\dot{Z}_0$ を特性インピーダンスあるいは波動インピーダンスといいます。それでは、この意味をちょっと考えてみましょう。

　①電圧、電流は $\varepsilon^{-\alpha x}$ で減衰します。だから α を減衰定数といいます。

　②電圧、電流は x に比例して位相が βx 遅れていきます。位相差が 2π になる距離 λ（波長）は、$\beta\lambda = 2\pi$ より、$\lambda = 2\pi/\beta$ です。これから、β を位相定数または波長定数といいます。

　　　（$\varepsilon^{-j\beta x} = \cos\beta x - j\sin\beta x$ ですね）

　③①と②より、$\gamma = \alpha + j\beta$ は、電圧と電流の伝搬の状況を示すので γ を伝搬定数といいます。

交流が波になる 分布定数回路

④$R=0$、$G=0$の場合、無損失線路といい、この伝搬速度は光の速さ（$3×10^8$m/s）となります。

要するに、分布定数回路は波動として表されるということを覚えておきましょう。

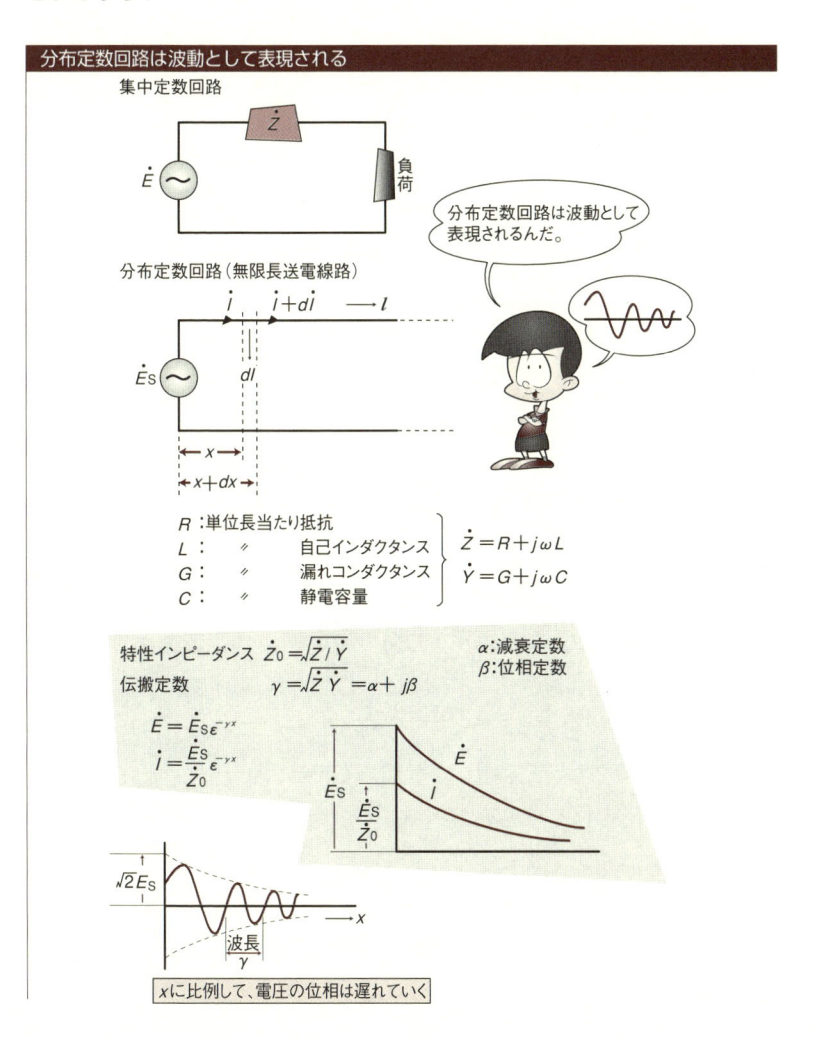

分布定数回路は波動として表現される

集中定数回路

分布定数回路は波動として表現されるんだ。

分布定数回路（無限長送電線路）

R：単位長当たり抵抗
L：〃　　　　自己インダクタンス
G：〃　　　　漏れコンダクタンス
C：〃　　　　静電容量

$\dot{Z} = R + j\omega L$
$\dot{Y} = G + j\omega C$

特性インピーダンス $\dot{Z}_0 = \sqrt{\dot{Z}/\dot{Y}}$
伝搬定数 $\gamma = \sqrt{\dot{Z}\dot{Y}} = \alpha + j\beta$

α：減衰定数
β：位相定数

$\dot{E} = \dot{E}_S \varepsilon^{-\gamma x}$
$\dot{I} = \dfrac{\dot{E}_S}{\dot{Z}_0} \varepsilon^{-\gamma x}$

波長 $\dfrac{\gamma}{}$

xに比例して、電圧の位相は遅れていく

どう落ち着くか　過渡現象

　世の中で何かが変化しつつあるときを、過渡期といいます。電気回路でも、時間的に変わらない定常状態に対し、電源の急変などにより1つの定常状態から別の定常状態に達するまでを過渡期といい、その間の変化の状況を過渡現象といいます。

　例えば直流のRL直列回路において、スイッチを閉じてもすぐには電流$I=E/R$にはなりません（直流の場合、通常Lは関係ありませんね）。この場合の過渡電流iは、RとLによる微分方程式を解くことにより求められます。微分方程式の解法は難しいので、ここでは省略しますが、その計算結果は$i=i_s+i_t$という形になります。i_sは定常項といい、定常状態になったときの電流を表すので$i_s=E/R=I$となります。i_tは過渡項といい、$i_t=A\varepsilon^{-t/T}$の形で表されます。Aは回路の初期条件（$t=0$の場合のiの値。この場合は$I=0$）で決められる値で、$A=-E/R=-I$となります。これより、微分方程式の解は$i=I(1-\varepsilon^{-t/T})$となります。なお、$T=L/R$です。

　ここで、Tを時定数といい、$t=T$の場合、$i=I(1-\varepsilon^{-1})=I(1-0.368)=0.632I$となります。つまり時定数は、$I$が最終値の0.632倍に達するまでの時間を表します。$t=0$では定常項はI、過渡項$-I$となりますから、$i=0$です。そして、過渡項は$\varepsilon^{-t/T}$で減少していきますので、電流iは定常項を目指して増加していきます。

　過渡現象にもいろいろなパターンがありますが、RLC回路の場合、RとLとCの大きさの関係により、振動したりしなかったりします。振動する場合は、エネルギーの面からはコンデンサの静電エネルギーとインダクタンスの電磁エネルギーが交互に移動しながら減衰していくということです。

どう落ち着くか 過渡現象

電気回路も過渡期を経て定常へ

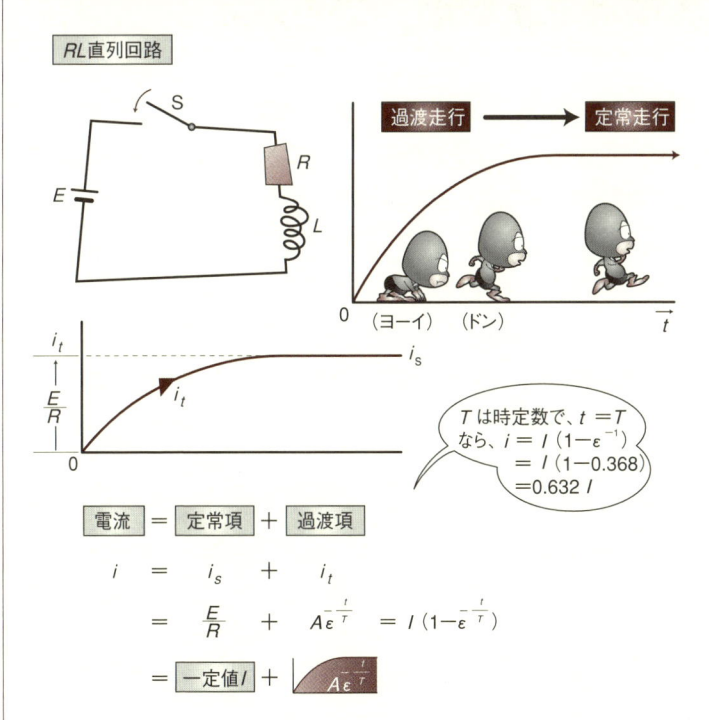

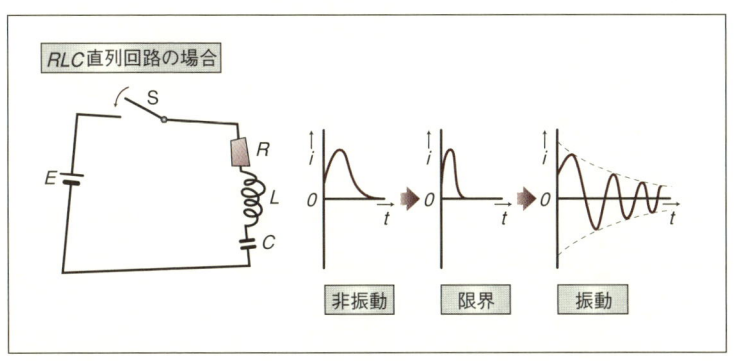

RL直列回路

過渡走行 → 定常走行

T は時定数で、$t = T$ なら、$i = I(1 - \varepsilon^{-1})$
$= I(1 - 0.368)$
$= 0.632 I$

$$
\begin{aligned}
\boxed{電流} &= \boxed{定常項} + \boxed{過渡項} \\
i &= i_s + i_t \\
&= \frac{E}{R} + A\varepsilon^{-\frac{t}{T}} = I\left(1 - \varepsilon^{-\frac{t}{T}}\right) \\
&= \boxed{一定値 I} + A\varepsilon^{-\frac{t}{T}}
\end{aligned}
$$

RLC直列回路の場合

非振動 / 限界 / 振動

高調波は整数倍　ひずみ波

　交流電気回路の電圧波形は正弦波交流が理想ですが、なかなか現実は難しいものがあります。その原因は、変圧器を励磁するための電流や回転機の電機子反作用といわれる作用の他に、特に最近は半導体応用技術の著しい発達によるインバータ照明やエアコンなどのさまざまな原因により、交流波形にひずみを生じています。

　ひずみ波とは正弦波ではない周期的な波形をいいます。ひずみ波は次のような周期の異なる多くの正弦波の和に分解することができます。

$$v = V_0 + V_1\sin(\omega t + \theta_1) + V_2\sin(2\omega t + \theta_2) + \cdots + V_n\sin(n\omega t + \theta_n)$$

この式のV_0を直流分、$V_1\sin(\omega t + \theta_1)$を基本波成分、第3項を第2調波、以下第$n$調波といい、第2調波以降を高調波といいます。

　ひずみ波には次のような特徴があります。

　①1周期の平均値が零ならば、$V_0 = 0$で、直流分は存在しない。

　②正と負の波形が対称である場合、偶数調波＝0で奇数波のみである。通常、電力系統のひずみ波はこれに該当する。

　③正または負のみの波形は直流分とcos項のみになる。

　また、異なる周波数（$n \neq m$）の正弦波の積の積分は零になるという、数学的な性質から、ひずみ波の実効値や電力は次のように単純に示されます。

　①ひずみ波の実効値は電圧、電流とも各高調波の実効値を2乗したものの和の平方根で求められる。

　②有効電力は、各高調波ごとの有効電力の和である。

　③ひずみ率は、ひずみ波交流の基本波実効値に対する高調波の合成実効値との比をいい、ひずみの程度の総合評価に用いる。

なお、半波整流や全波整流、のこぎり波やパルス波なども電気回路ではひずみ波の一種として扱います。

ひずみ波

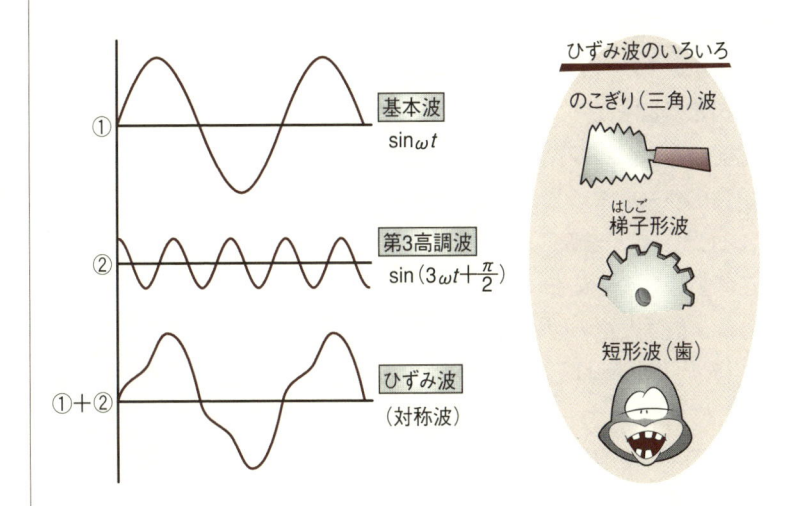

① 基本波 $\sin\omega t$

② 第3高調波 $\sin(3\omega t + \frac{\pi}{2})$

①+② ひずみ波（対称波）

ひずみ波のいろいろ
- のこぎり（三角）波
- 梯子形波
- 短形波（歯）

ひずみ波の瞬時値

$$v = V_0 + V_1\sin(\omega t + \theta_1) + V_2\sin(2\omega t + \theta_2) + \cdots + V_n\sin(n\omega t + \theta_n)$$

直流成分　基本波成分　　　　　　　高調波成分

ひずみ波の実効値 $=\sqrt{(各調波の実効値)^2の和}$

電力 $=$ 各高調波ごとの有効電力の和

ひずみ率 $= \dfrac{全高調波の実効値}{基本波の実効値} = \dfrac{\sqrt{V_2^2 + V_3^2 + \cdots + V_n^2}}{V_1}$

反射と透過の方程式　進行波

　落雷や新たな電源の投入など、分布定数回路の一端から高電圧を印加した場合、電圧、電流が波となり伝搬定数で定まる高速度に近い速度で他端に向かって進んでいきます。このような電圧、電流を進行波といいます。また、サージと呼ぶ場合もあります。

　分布定数回路でも少し説明しましたが、送電線路の単位長あたりの静電容量およびインダクタンスをCおよびLとすると、無損失線路とした場合のサージインピーダンス$Z=\sqrt{L/C}$、伝搬速度$v=1/\sqrt{LC}=3\times10^8$m/s＝光の速さとなります。

　このような線路において、進行波がサージインピーダンスZ_1からZ_2の負荷または線路の接続点に達すると、侵入してきた電圧進行波e_i、電流進行波i_iは、それぞれ一部反射波e_r、i_rとなって戻り、残りが透過波e_o、i_oとなって、サージインピーダンスZ_2に進みます。このとき接続点においては、キルヒホッフの法則が適用されるとともに、エネルギー保存則も満足され、次の2項目が成り立ちます。

　①電流は連続である　　$i_i - i_r = i_o$（電流反射波は異符号）
　②両側の電圧は等しい　$e_i + e_r = e_o$（電圧反射波は同符号）

　Z_2について、短絡端とすると$Z_2=0$となり、電圧＝0、電流＝2倍（完全反射）となります。また開放端では$Z_2=\infty$（無限大）となり、電圧波はそのまま反射波となるので電圧は2倍（完全反射）となり、電流＝0で戻ることになります。また、e_r/e_i、i_r/i_iの値を反射係数といいますが、$Z_1=Z_2$の場合、反射係数が零となり、反射はなくなります。

　なお、進行波のエネルギーは静電エネルギーと電磁エネルギーが相等しく、半分ずつ分かれた形となります。

反射と透過の方程式　進行波

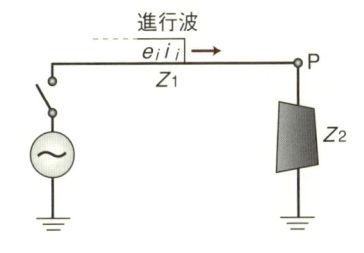

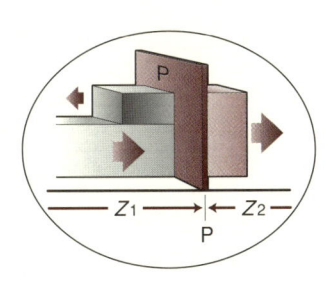

進行波

進行波 e_i

① $Z_1 < Z_2$ のとき

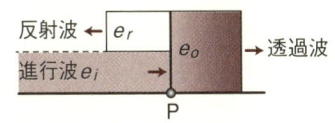

反射波 ← e_r　　e_o → 透過波
進行波 e_i →
　　　　　　P

① $Z_1 > Z_2$ のとき

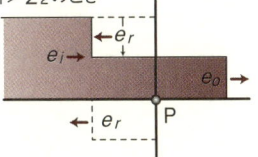

e_i　e_r
　　　　　e_o →
← e_r　P

① $Z_2 = 0$ のとき（短絡端）

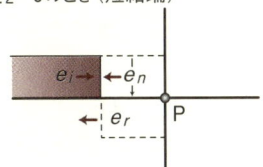

e_i → ← e_n
← e_r　P

反射と透過は Z_1 と Z_2 の大きさによって違うんだよ。

（進行中）

電磁気学の集大成　電磁方程式

　金属のように導体中の自由電子の移動によるものを伝導電流といい、通常の電気回路計算はこの伝導電流を使用しています。一方、コンデンサ回路の場合を考えると、電荷は電極に蓄えられ、電流がここで終わった形になりますが、コンデンサ内部についてもコンデンサ電極で電荷が増加した分、仮想的な電流が流れているとします。これを変位電流といい、こうすると、回路のあらゆる場所で電流は連続ということができます。

　この変位電流についてマクスウェルという科学者が、次のように仮定しました。「変位電流も伝導電流とまったく同一の磁界をつくる」。これは、電界や磁界、電磁誘導の法則などのいろいろな法則が変位電流にも成り立つ、すなわち、変位電流からも磁界が生じるということです。

　するとどうでしょう。伝導電流のみならず変位電流を含めて、電流が流れると電線の周りにできる磁界を求めるアンペア周回積分の法則、および磁束の変化により電圧が発生するという電磁誘導に関するファラデーの法則が成り立ちます。この2つを微分形にしたものをマクスウェルの電磁方程式といいます。この方程式から、電磁界に関するいろいろな関係式がすべて導き出せるのです。

　マクスウェルの電磁方程式の一番大きな点は、その条件から波動方程式が導かれ、その結果、電界と磁界が波動になって伝搬するという電磁波の存在と、電磁波の速度が、真空中では光の速度になることから、光の電磁波説を予見したことです。

　電磁波は、空間では伝導電流はなく変位電流のみとなり、電界と磁界が相伴って進行する進行波となります。電流 i_0 が変化するとき、アンペアの周回積分の法則により変化磁束 ϕ_0 を生じ、ϕ_0 によりファラデ

一の電磁誘導の法則による変化起電力(電界 E)を生じ、電界 E より変位電流 i_1 を生じ、i_1 より変化磁束 ϕ_1 を生じ、以下、同じように繰り返して電界および磁界が伝搬していくということです。また、波動であるということは速度を持つということです。したがって、長距離送電線や、波長の短い高周波の通信線は伝搬速度を考慮する必要があり、この部分は分布定数回路の内容と似ています。このように電磁方程式は電気磁気学の集大成といえます。

電磁方程式は電磁気学の集大成

コンデンサの変位電流

電磁波君
エヘン
重い!
電力 光 電流 電界 磁界 波

電磁波のしくみ

電界と磁界の伝搬

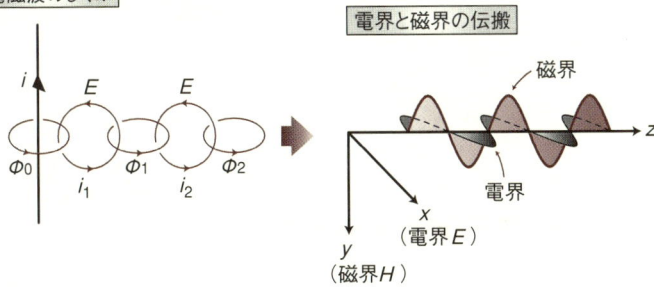

磁界
電界
x(電界 E)
y(磁界 H)

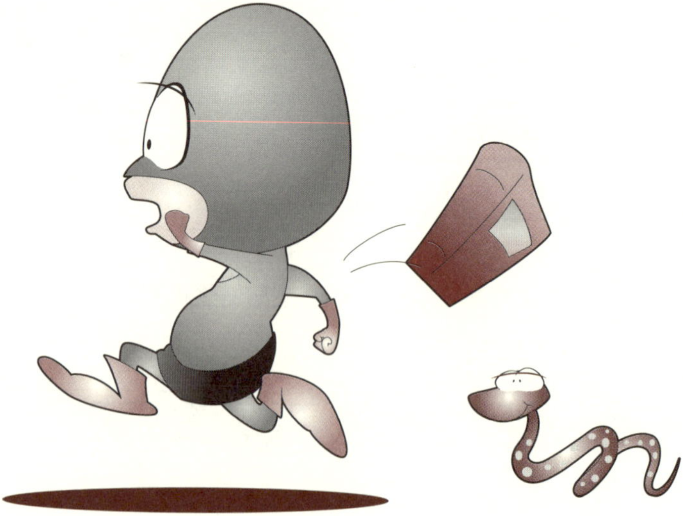

6

電気回路 線路編

　この章では、今まで説明した電気回路が実際の電力系統ではどうなっているかを見ていきます。身近なところから出発しますので、本を片手に自分で実際に確認してみるのもいいと思います。いわば、ちょうど電線路をたどる旅行のガイドブックのようなものです。途中に、ちょっと危険な箇所や冒険もありますから、気をつけて出かけましょう。

まずは自宅の配線を探検しよう

　身近な電気回路といえば、自分の家の配線を調べるのが一番早いですね。電気の配線図がなくても大丈夫。ちょっと探検してみましょう。まず、分電盤を探しましょう。普通は、台所や廊下の片隅にあるはずです。ヒューズが溶けて停電したとき（最近はヒューズではなく遮断器という器具がついています）に調べる場所です。勇気を出して分電盤を開けてみましょう。ケーブルがたくさん集まりいろいろな機器がついています。ここが、家庭の配線（屋内配線といいます）の出発点です。

　分電盤にはまずアンペアブレーカがあり、次に漏電遮断器（ろうでんしゃだんき）を通り、ここから分岐して配線用遮断器を通って各部屋の蛍光灯やコンセントに分岐します。分岐点までを幹線、分岐点以降を分岐回路といいます。この配線方法は、建物の規模や構造、配線する場所や環境により、安全に施設されるように、電気設備の技術基準や内線規程という規則により詳細に決められています。

　それではそれぞれの機器を簡単に説明しておきます。

　○**アンペアブレーカ**　電力会社との契約用のブレーカです。契約以上の電流が流れると、自動的に切れます。契約の種類によっては取り付けない場合があります。

　○**漏電遮断器**　本来電気は電線を流れるのですが、回路の絶縁が悪くなると、電気が大地に漏れてしまい、感電や火災の危険があります。これを漏電といい、漏電を察知し、回路を遮断します。復帰用の緑のボタンがついています。

　○**配線用遮断器**　コードを足で引っ掛けて回路が短絡（ショート）した場合などに自動的に回路を遮断する装置です。短絡すると、通常の何倍もの電流が流れます。通常より大きな電流を遮断することから、過

まずは自宅の配線を探検しよう

電流遮断器ともいいます。

分電盤

アンペアブレーカ　配線用遮断器

漏電遮断器

開けると…

漏電遮断器

アンペアブレーカ　配線用遮断器

分電盤はどこかな？
廊下　押入
台所　玄関
???

ヘソクリは
どこかな？

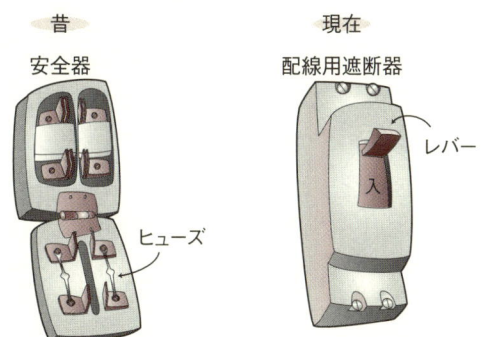

昔
安全器

現在
配線用遮断器

レバー

ヒューズ

(15アンペア以上の電流が流れると
ヒューズが溶けて電流を遮断する)

133

2階の電気をどう消すか？　三路スイッチ

　2階に昇る前に1階で階段の明かりを点け、2階に昇ってからその明かりを消したり、入り口が2つある部屋の電気を各入り口で自由に点滅できたりします。これって、どうなっているのでしょうか。

　これは、スイッチに秘密があります。家庭のスイッチは普通は単極スイッチといい、電線路の一極だけを入り切りして電灯を点けたり消したりしますが、ここでは三路スイッチという特殊なスイッチを用いるのです。三路スイッチは切替開閉器の一種で、端子が3つあります。三路スイッチを2個使い、配線を3線にして組み合わせると、図のように2箇所で自由に点滅できるようになります。

　さらに、四路スイッチというものもあります。三路スイッチと四路スイッチを上手に組み合わせると、3箇所あるいは4箇所で自由に点滅することができます。また、単極開閉器を併用し、各所のスイッチが入り切りいずれの状態であっても、それにかかわらず1箇所の親開閉器により随時全部の電灯を一斉に点灯する方法もあります。泥棒対策として有効ですね。

　家庭用のスイッチは、正式には屋内用小型スイッチ類といいます。一般にはスナップスイッチや点滅器と呼んでいますが、次のようにいろいろな種類がありますが、みんなおなじみのものです。

○**タンブラスイッチ**　つまみをパチパチする最も一般的なスイッチです。
○**ロータリースイッチ**　つまみを回すと点滅を繰り返すものです。
○**押しボタンスイッチ**　片方のボタンを押すと片方のボタンが飛び出すものです。リモートコントロール用もこの種類です。
○**プルスイッチ**　引き紐を引っ張ることにより点滅を繰り返すものです。

2階の電気をどう消すか？　三路スイッチ

○**コードスイッチ**　コードの中間に取り付けるものです。つまみ式と押しボタン式があり中間スイッチともいいます。
○**ペンダントスイッチ**　コードの端末につけるものです。
○**ドアスイッチ**　ドアの開閉により点滅させるスイッチです。警報用や自動ドアに用いられます。

三路スイッチを使えば自由に点滅できる

窓
机の横
机
ベッドの横
部屋の中
部屋の入り口

僕の部屋の
四路スイッチ

2箇所点滅

100V

③三路スイッチ
④四路スイッチ

③　③

4箇所点滅

じっくり考えて
みよう

③　④　④　③

わが家の周りを見てみよう

　家の中の探検が終わったら外に出てみましょう。家の周りの電柱から家の外壁の角や、小さい柱に電線が引かれていると思います。これが、架空引込線です。最近の団地では電線が地下に埋められていて見えない場合もあります。この場合は地中引込線といいます。

　架空引込線は、通常、黒青緑といった色の違う電線が2本または3本より合わせたものが引かれています。これは引込用ビニル絶縁電線（DV線）といい、ビニル絶縁電線と同等のものをより合わせてあるものです。また、建物が隣接していたり、樹木や看板がある場合などは、接触による危険を防止するため、ケーブルが使用されている場合もあります。でもケーブルだからといって接触してもいいというわけではありません。接触しないように施設することが条件です。電灯と動力の両方使う場合は、引込線が2本になります。

　引込線は家側の取付点で、碍子（がいし）に取り付けられ、屋側に施設されたケーブルと接続されています。そしてケーブルをたどって行くと電力量計を経て、壁の中に引き込まれています。このケーブルが先ほどの分電盤にたどり着くわけです。取付点から家の壁の中に入るまでを引込口配線といいます。最近は、これらを引込柱に取り付けたボックスの中にすっきり納めてしまったものもあります。

　電力量計にもいろいろな種類があります。昔ながらの円盤がくるくる回転するものやデジタル式のもの、また契約によっては電力量計を複数台使用したり、夜間契約用にタイムスイッチを取り付けたりします。また、電力をたくさん使用する場合は、変流器といって計器に流れる電流を小さくする機器を取り付けてある場合もあります。

　なお、家の周りの観察は、よその家をのぞくと空き巣と疑われますか

わが家の周りを見てみよう

ら、自分の家の周りだけにしてください。

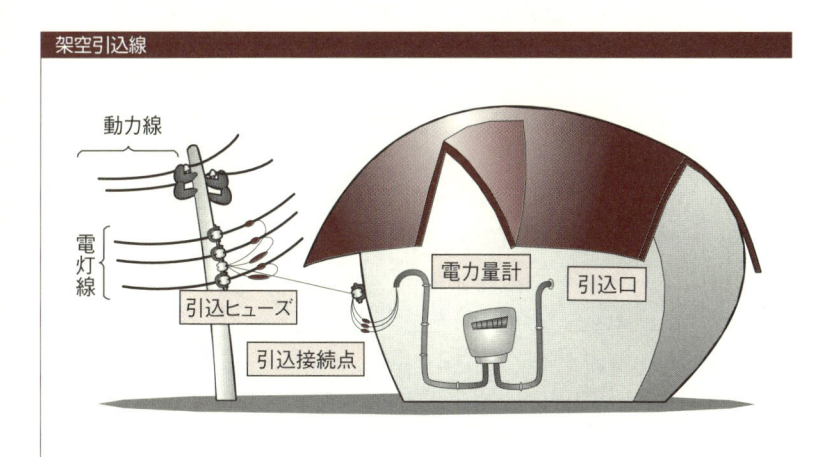

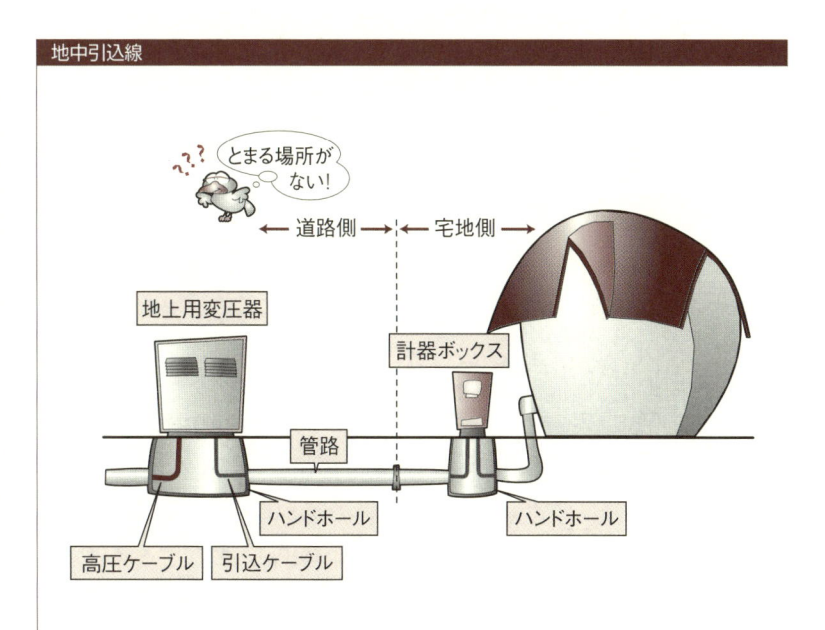

架空引込線

- 動力線
- 電灯線
- 引込ヒューズ
- 引込接続点
- 電力量計
- 引込口

地中引込線

とまる場所がない！

← 道路側 → ← 宅地側 →

- 地上用変圧器
- 計器ボックス
- 管路
- ハンドホール
- ハンドホール
- 高圧ケーブル
- 引込ケーブル

137

電線路の主役　電柱物語

　雨の日も雪の日も、じっと街角に立って電気を届けてくれる電柱は、寡黙(かもく)ですが本当に働き者です。

　標準的な電柱には、高圧線（三相6600V）が3本、動力線（三相200V）が2本、電灯線（単相100V・200V）が3本取り付けられています。動力線は三相なのに2本しかないわけは、1本をアース線として電灯と共用しているからです。また、電灯線が3本なのにも深い訳があります。これらは別途お話します。

　そして、電柱には電線の他にも変圧器、開閉器、避雷器などの重要な機器や架空地線が取り付けられています。

　○**変圧器**　高圧6600Vを低圧の動力線、あるいは電灯線に変換します。

　○**開閉器**　高圧電線路のスイッチです。事故の時や、配電線の工事の時に入り切りし、電線路を小区間に区分し事故の箇所を探したり、いろいろな工事をします。最近は、遠方から自動的に入り切りしたりしています。

　○**避雷器**　雷による高電圧を受け止め、電線や変圧器、開閉器を守ります。

　○**架空地線**　雷の多い地域で、電柱のてっぺん（高圧線のさらに上）に取り付ける鋼線で、電線に流れようとする雷の高電圧を架空地線が代わって受け止め、電線が絶縁破壊するのを防ぎます。

　さらに、電柱には必要に応じて街路灯、交通信号灯、住居表示、電話線、CATV線、袖(そで)看板などが取り付けられます。そういえば、犯人を尾行する刑事が隠れたり、散歩している犬が片足を上げたりもしますね。

電線路の主役　電柱物語

電柱のしくみ

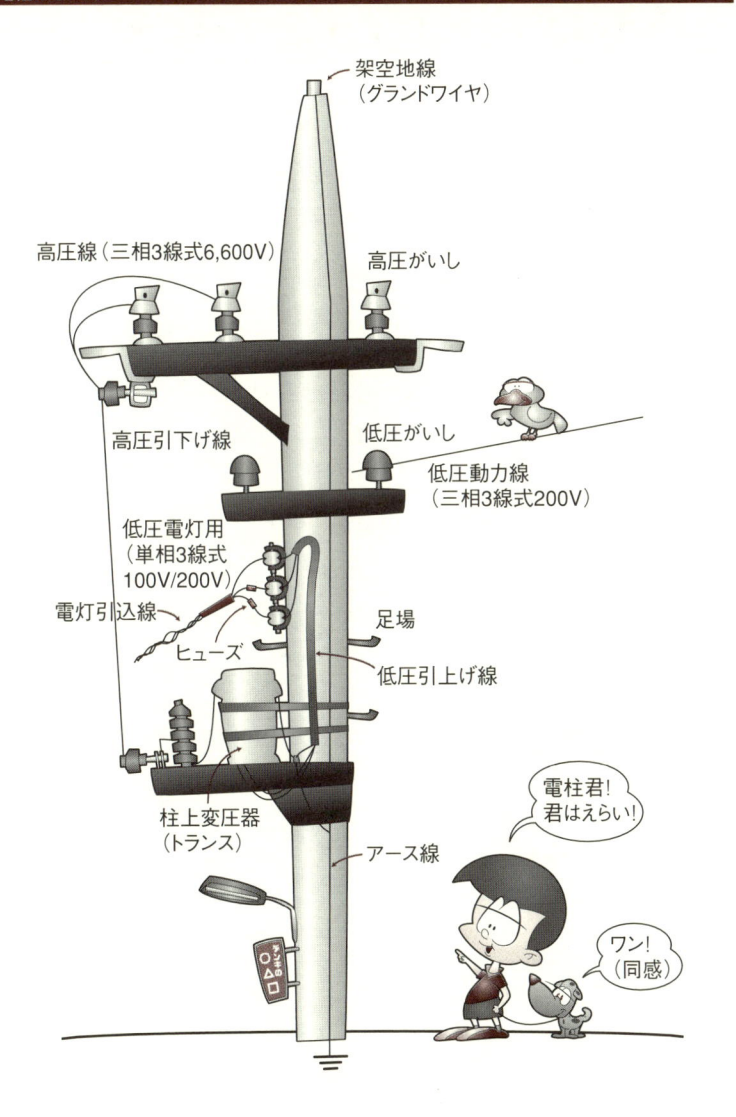

- 架空地線（グランドワイヤ）
- 高圧線（三相3線式6,600V）
- 高圧がいし
- 高圧引下げ線
- 低圧がいし
- 低圧動力線（三相3線式200V）
- 低圧電灯用（単相3線式100V/200V）
- 電灯引込線
- ヒューズ
- 足場
- 低圧引上げ線
- 柱上変圧器（トランス）
- アース線

電柱君！君はえらい！

ワン！（同感）

139

電力輸送のパートナー　変圧器

　変圧器はトランスともいい、電磁誘導の原理により交流電圧の大きさを変化させるための機器で、電力を遠くまで効率的に輸送するためにはなくてはならない機器です。電力量が同じなら、電圧が高い方が電流は小さくなりますから、電線も細くでき、電線の電力損失も小さくなります。変圧器が使えることが交流の大きな特徴なのです。

　その基本的な構造は、鉄心に二組のコイルを巻いたもので、電気的には一方（一次側コイル）に加えた交流電圧による電流が、鉄心に磁束を発生させ、その磁束がもう一方（二次側コイル）に誘導起電力（二次電圧）を発生させます。変圧器の原理から、電流が磁界を発生させ、その磁界が電流を発生させることがわかりますが、電流と磁界が密接な関係にあることも推測できますね。

　変圧器の一次電圧をE_1、二次電圧をE_2、一次側のコイルの巻数をN_1、二次コイルの巻数をN_2とすると、$(E_1/E_2) = (N_1/N_2)$の関係があります。

　鉄心には、損失を少なくするため薄いケイ素鋼板を何枚も重ね合わせたもの（これを成層といいます）が使われています。また、変圧器には絶縁油が入れられていて、鉄心とコイルの間の絶縁を確保するとともに、コイルの温度上昇を防止しています。容量が大きい場合は、油を強制循環して空気や水で冷却します。

　柱上変圧器はその名のとおり電柱の上にある変圧器で、通常単相変圧器になっており、二次側の結線により1台で100Vにも200Vにも、またこの後で述べる単相3線式100/200Vにも使えるようになっています。また、配電線の電圧は負荷電流による電圧降下により変化しますから、高圧側の巻数を切り替えて、二次側の電圧を一定にす

電力輸送のパートナー　変圧器

るための端子がついています。これを変圧器のタップといいます。変電所などに設置する大容量の変圧器になると、このタップを負荷の大きさにより自動的に切り替える装置などもついています。

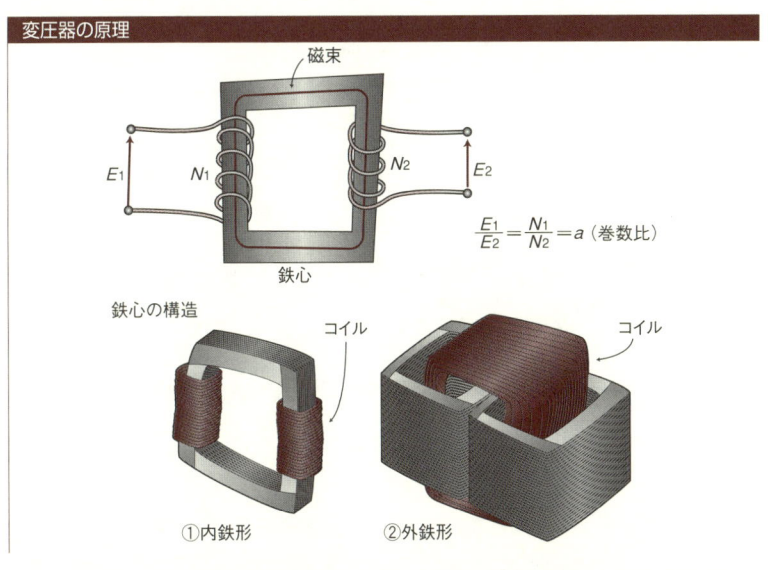

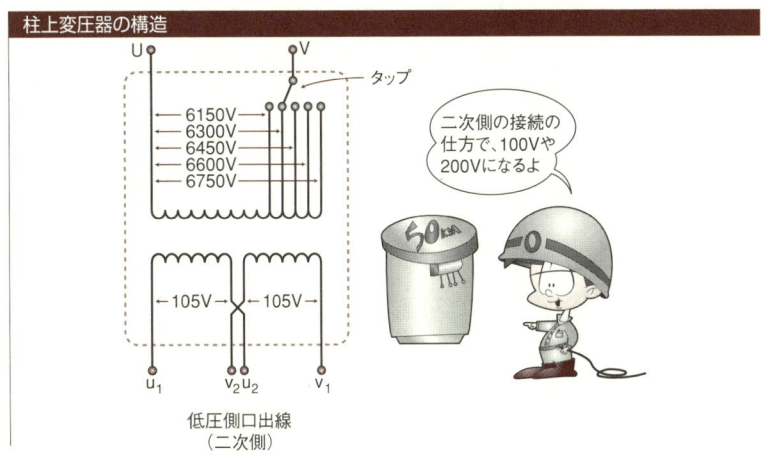

変圧器の原理

磁束
E_1　N_1　N_2　E_2
鉄心

$$\frac{E_1}{E_2} = \frac{N_1}{N_2} = a \text{（巻数比）}$$

鉄心の構造

コイル　コイル

①内鉄形　②外鉄形

柱上変圧器の構造

U　V
タップ
← 6150V
← 6300V
← 6450V
← 6600V
← 6750V

← 105V →← 105V →

u_1　v_2 u_2　v_1

低圧側口出線
（二次側）

二次側の接続の仕方で、100Vや200Vになるよ

電灯線のエース　単相3線式

　家庭で使う照明やテレビは単相2線式100Vですが、電柱の電灯線は3本あります。引込線も3本の場合があります。

　これは、図のように3本のうち1本をアース線（中性線といいます）として接地し、アース線を中心に上下に100Vずつ電圧を分担します。この残りの2本を電圧線といいます。したがって、電圧線相互の電圧は200Vになっています。このため、次のような特徴があります。

　①1つの配線から100Vと200Vの両方の機器が使えます。ちなみに、200V機器としては電気温水器やIHヒーター、大型エアコンなどがあり、電圧が高い分とても高性能です。

　②中性線が接地されているので、電圧線の大地からの電圧（対地電圧といいます）は100Vとなり、安全性の面で100Vと同じになります。

　③電力＝電圧×電流ですから、同じ電力を送るのに電圧が2倍になれば、電流は1/2となり、電線を細くすることができます。逆に同じ電流ならば、送れる電力を2倍にすることができます。

　④電流が1/2になると、電線の抵抗分による電力損失＝(電流)^2×電線抵抗の式より、損失は電流の2乗に比例することから、1/2の2乗で1/4になります。これを日本全体で考えれば、無駄な電力が相当減少することになります。

　⑤2つの回路の100V負荷が等しいと中性線には電流が流れません。負荷が不均衡の場合は、中性線が断線すると片方の回路は100V以上になり、機器類を損傷することがあります。したがって、中性線にはヒューズは取り付けず、また接続もねじの数を増やしたりして断線しないように工事します。

電灯線のエース　単相3線式

単相3線式は、野球でいえば右投げのエースともいえます。

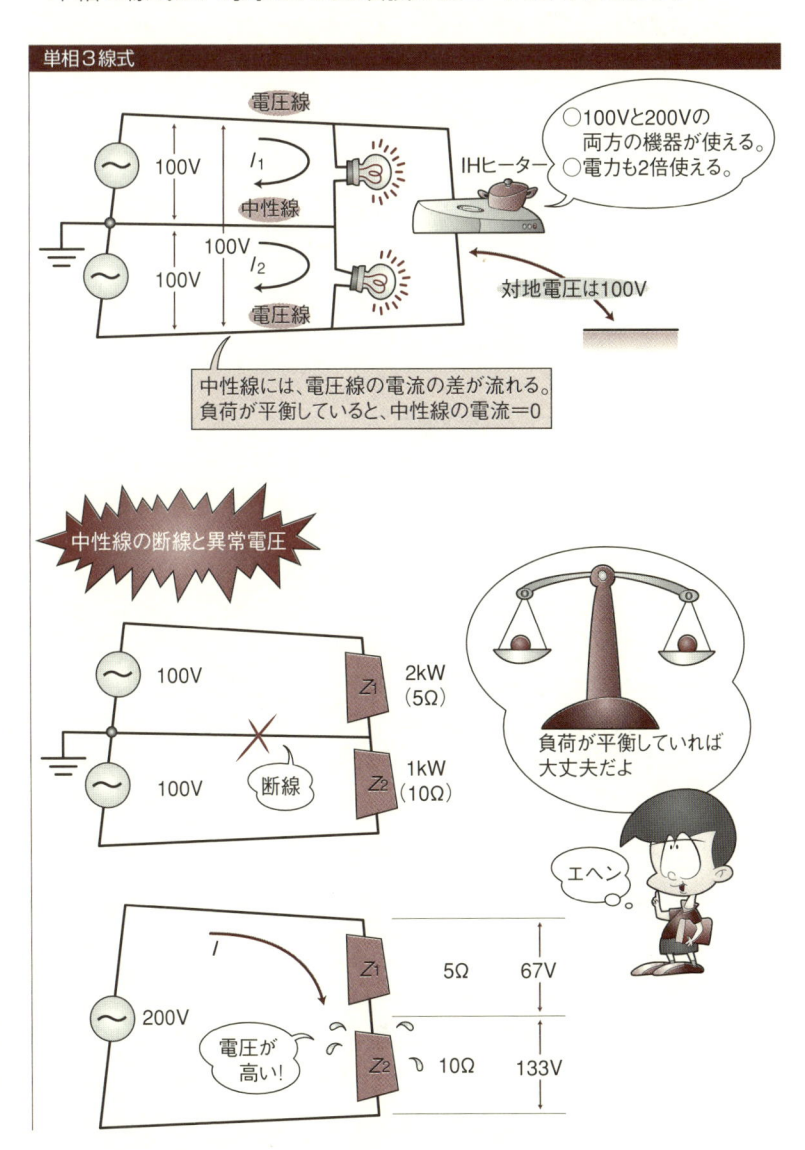

単相3線式

電圧線
100V　I_1
中性線
100V
100V　I_2
電圧線

IHヒーター

○100Vと200Vの両方の機器が使える。
○電力も2倍使える。

対地電圧は100V

中性線には、電圧線の電流の差が流れる。
負荷が平衡していると、中性線の電流＝0

中性線の断線と異常電圧

100V　　　Z_1　2kW（5Ω）
100V　断線　Z_2　1kW（10Ω）

負荷が平衡していれば大丈夫だよ

エヘン。

200V　I
Z_1　5Ω　67V
Z_2　10Ω　133V
電圧が高い！

動力のエース　V結線

　変圧器が2台設置してある電柱があります。この変圧器は、高圧線から200Vの三相3線式の動力（三相交流電力のことです）に変換しています。三相高圧を変換するのですから、通常は三相変圧器か単相変圧器が3台必要ですが、変圧器が2台なのはなぜでしょうか。

　実は、単相変圧器を△回路に接続する場合と同様、そのうちの1台を省略しても三相回路を作ることができるのです。このような回路の結線をV結線といいます。

　図のようにV結線にした回路の端子c－aの電圧E_cは$-(E_a+E_b)$となりますから、2台の変圧器の電圧E_aとE_bから、E_cも得ることができるのです。

　ただし、相電圧をE、相電流をI'、線間電圧をV、線電流をIとすると、変圧器が3台の場合の電力は$E=V$、$I'=\sqrt{3}I$より、$3EI'\cos\theta=\sqrt{3}VI\cos\theta$となりますが、V結線の場合、相電流はそのまま線電流になります。すなわち、線電流が$\sqrt{3}$倍にならないわけです。したがって、変圧器に流せる電流は定格電流までなので、定格電流をI'とすれば、その出力は$\sqrt{3}VI'\cos\theta$となります。

　このため、△結線とV結線の比は$(\sqrt{3}VI')/(3VI')=\sqrt{3}/3=0.577$となり、△結線の57.7％の負荷となります。

　また、V結線の2台の変圧器の出力の和は$2VI'$ですが、実際の負荷の電力は$\sqrt{3}VI'$ですから、その比は$(\sqrt{3}VI')/(2VI')=\sqrt{3}/2=0.866$で86.6％になり、この比を利用率といいます。

　しかし、電柱にはたくさんの変圧器は設置できないこと、同じ変圧器を電灯用や動力用に活用できることから、V結線が主に採用されているわけです。最近はワンタンク形の三相変圧器も開発されています。

動力のエース　V結線

　なお、V結線では2台の変圧器の接続点を接地し、アース線とすることにより電灯の中性線と共用しています。単相3線式が右投げのエースなら、V結線はいわば左投げのエースですね。

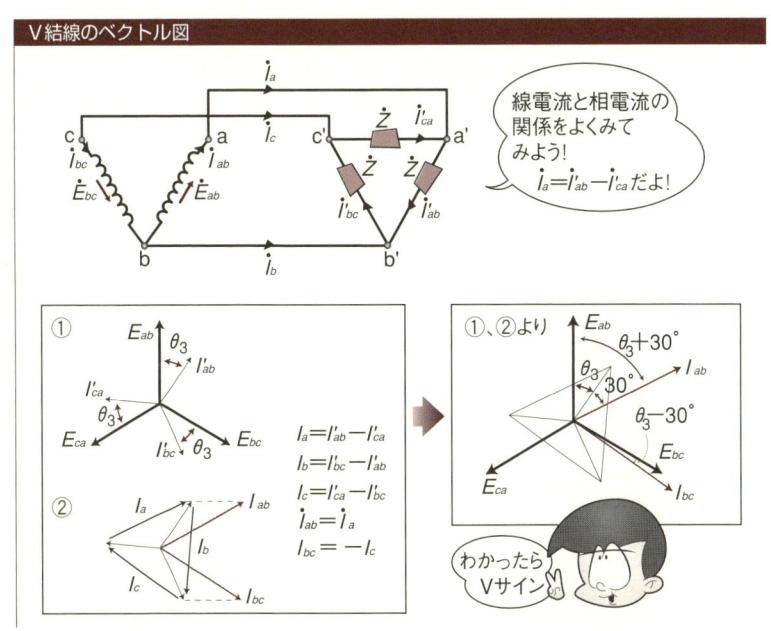

V結線

（三相3線式なのに変圧器が2台しかないぞ？）

V結線のベクトル図

線電流と相電流の関係をよくみてみよう！
$\dot{I}_a = \dot{I}'_{ab} - \dot{I}'_{ca}$ だよ！

①
$I_a = I'_{ab} - I'_{ca}$
$I_b = I'_{bc} - I'_{ab}$
$I_c = I'_{ca} - I'_{bc}$
$\dot{I}_{ab} = \dot{I}_a$
$I_{bc} = -I_c$

②

①、②より

わかったらVサイン

控えの切り札　灯力共用三相4線式

　Ｖ結線の一方の変圧器の中点を接地し、そこから中性点を引き出すと単相3線式100/200Vと三相3線式200Vを同時につくることができます。これを灯力共用三相4線式といい、変圧器の台数も減らすことができ、電線も4本で済みますからとても経済的です。

　都市部で電線を地中に埋める地中化工事を設計する場合、工事費の低減や（地中化工事は架空線工事に較べて、工事費が10倍から20倍となりとてもコストがかかります）、道路上では変圧器の設置スペースが限定されていることから、主としてこの方式が採用されています。

　また、農山村でも負荷が分散していることや、低圧電線を長い距離にわたり施設するより、コストが安くなることから採用されています。最近では、一般の地域でもコストの低減や、低圧電線の省略による電柱の活用スペースの確保、電柱への施設機器の簡素化の面から積極的に採用されつつあります。

　電灯負荷と動力負荷の両方を受け持つ変圧器を共用変圧器、動力のみを受け持つ変圧器を専用変圧器といいますが、当然共用変圧器の方が変圧器容量が電灯分だけ大きくなります。

　灯力共用三相4線式は、電灯と動力の負荷電流が同じ電線を流れますから、電線に流れる電流が大きくなり、電圧降下も大きくなります。また、動力側に電流の変動が大きい負荷が接続されていると、大小の電圧降下が繰り返され照明がちらついたりする（これをフリッカといいます）ので、注意が必要です。

　また、共用変圧器をa-b間の進み相（専用変圧器より120°進み）に接続するか、b-c間の遅れ相に接続するかにより、電灯と動力のベクトル関係から、共用変圧器にかかる負荷容量が異なり、遅れ相に接続

した方が容量が若干大きくなります。

灯力共用三相4線式は、いよいよ登場した控えの切り札ともいえる供給方式です。

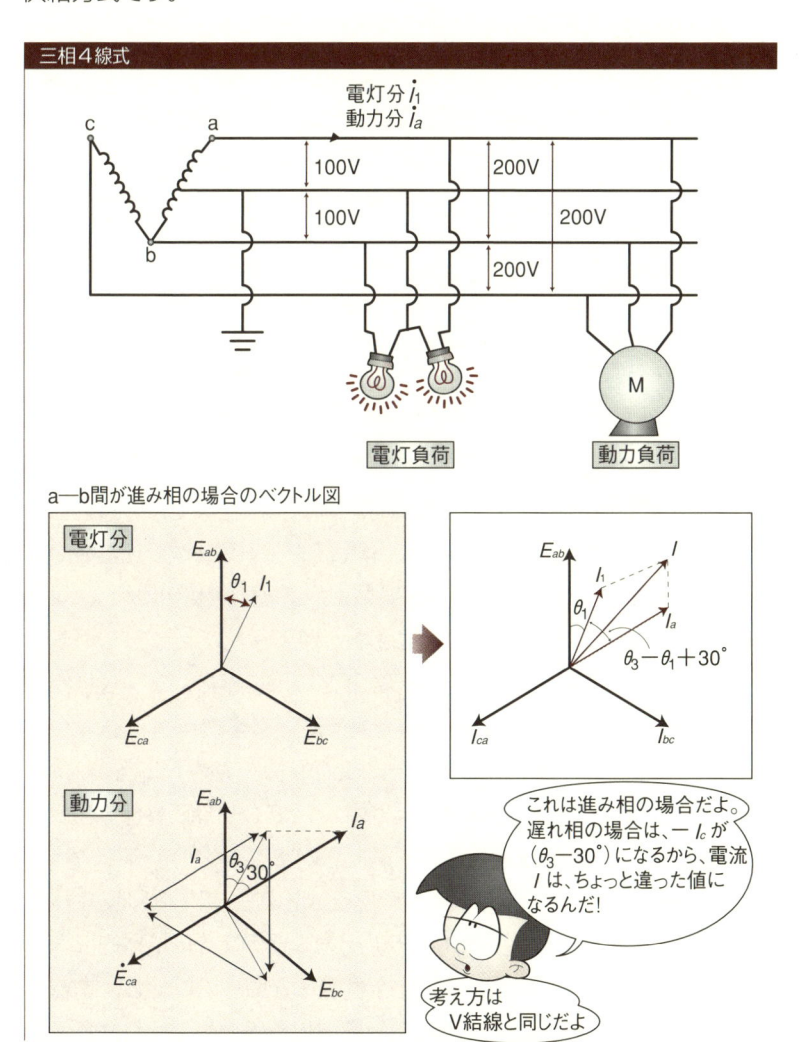

三相4線式

電灯分 I_1
動力分 I_a

100V / 100V / 200V / 200V / 200V

電灯負荷　動力負荷

a—b間が進み相の場合のベクトル図

電灯分：E_{ab}, θ_1, I_1, E_{ca}, E_{bc}

動力分：E_{ab}, I_a, θ_3, 30°, E_{ca}, E_{bc}

合成：E_{ab}, I_1, I, θ_1, I_a, $\theta_3-\theta_1+30°$, I_{ca}, I_{bc}

これは進み相の場合だよ。遅れ相の場合は、$-I_c$が $(\theta_3-30°)$ になるから、電流 I は、ちょっと違った値になるんだ！

考え方はV結線と同じだよ

私は大リーガー　ネットワーク配電

　銀座や新宿などのようにビルが隣接して建ち並んでいる地域は、超過密地域といわれます。超過密地域では、大きな供給能力を持つ配電線が必要ですし、また、万が一停電したりするとその影響が大きいので、極めて高い供給信頼度を持つ配電方式が採用されています。それが、アメリカ産まれの大リーガー、ネットワーク配電です。ちなみにニューヨークはネットワーク配電です。

　ネットワーク配電は、大型需要家にはスポットネットワーク（SNW）方式、一般の低圧需要家にはレギュラーネットワーク（RNW）方式があります。いずれも、供給能力を確保するため電源には22kV（または33kV）の特別高圧（電圧7kVを超えるものを特別高圧といいます）を使用し、地中線により供給しています。

　SNW方式は、22kV地中配電線3回線を標準として、幹線から分岐して高層ビルなどに引き込みます。そしてネットワーク変圧器やネットワークプロテクタという装置を経てネットワーク母線を構成し、各低圧側に並列に接続します。この方式はネットワークプロテクタの働きにより、受電室のネットワーク母線の負荷側以降に事故がない限り停電しないため、極めて高い供給信頼度を持っています。

　RNW方式は、ネットワーク変圧器などの装置を道路下に施設した地下孔という大きなマンホールの中に設置し、そこから低圧幹線を網目状に接続して、一般の低圧需要家に供給しています。

　また、ネットワーク配電ほど高信頼度ではないものの、22kV本線予備線方式も、大都市の大型ビルへの供給力確保のために積極的に採用されています。この方式は、本線と予備線の2回線で供給し、本線が事故や工事により停止する場合でも、直ちに予備線側に切り替えて供

私は大リーガー　ネットワーク配電

給することができるものです。

ネットワーク配電

変電所
ビル
ビル

電源変電所

20kV級ケーブルT分岐
20kV級ネットワーク配電線

財産・責任分界点

ケーブル・ヘッド
受電用断路器
ネットワーク変圧器
プロテクタヒューズ ┐
プロテクタ遮断器　 ┘ ネットワークプロテクタ
ネットワーク母線
幹線保護装置

需要家・受電室　　スポットネットワーク方式

ネットワーク配電は停電しないための仕組みなんだ！

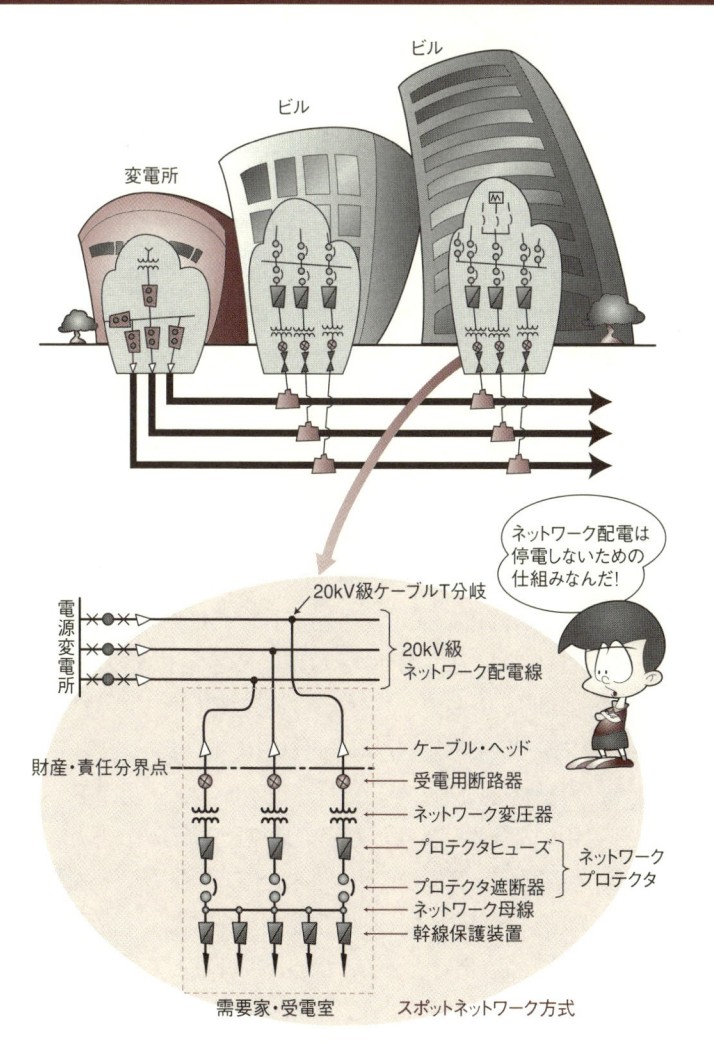

ルーキー　400V配電

　外国における供給電圧の主流は200/400Vですが、日本では一般的には高圧電圧は6600V、低圧は100Vと200Vです。

　しかし、これまでも高層ビルなどでは、空調やエレベーター、ポンプ類、照明などに機器の効率的使用やコストダウンの面から400V配電が内線用として採用されていました（電圧が高ければ、供給能力が増大し、線路損失が減少することは単相3線式のところで説明しましたね）。つまり、高圧や特別高圧で受電して、電気主任技術者の保安管理の下に、自分のところで400Vに変換して使用しています。

　さらに、日本でも最近400V配電による供給が開始されています。新しい400V配電は、このようにビルの中だけに適用されていたものを、電力会社の供給電圧として直接ビルに供給するものです。需要密度が高い、新規に開発された臨海副都心などにおいて採用されています。まず、配電用の変電所から22kV級配電線により配電し、ビル構内などで変電して、直接400Vで供給する方式です。

　今までの6600V－100/200Vによる供給系統に対し、20000V－400Vの系統となりますから、電圧系列が簡単になり、かつ流通トータルコストの低減が可能になります。また、電圧に国際性があるため、資機材の国際化が図られ、コストダウンも期待できます。ただし、住宅用の電圧は、安全面から対地電圧150V以下と定められているため、主にオフィス需要に用いられます。一方、低圧配電線としては、400Vの方が効率がよく、供給能力も高いこと、高圧線に比べ安全対策が格段に簡略化できることから、別荘などでは高圧線の代わりに400V配電線を施設し、400V/100・200Vの変圧器を施設して一般用に供給する方法も用いられています。

今後も、経済性や安全性の面から400V配電が大いに活躍することが期待され、まさに配電線のルーキー登場といったところです。

これからの主流!?　400V配電

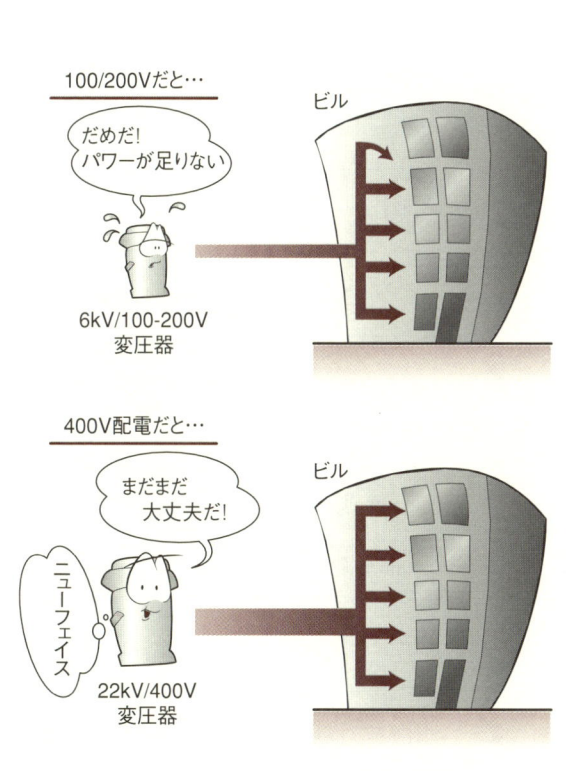

100/200Vだと…

だめだ！パワーが足りない

6kV/100-200V 変圧器

ビル

400V配電だと…

まだまだ大丈夫だ！

ニューフェイス

22kV/400V 変圧器

ビル

なぜ使われる　非接地方式配電線

　電力系統においては事故が発生した場合、事故を瞬時に判断し事故波及を防いだり、異常な電圧が発生するのを防止するため、通常、変電所においては、変圧器のY結線の中性点を接地することが行われます。

　しかし、高圧配電線では非接地方式といって、中性点を接地しない方式が採用されています。これは、配電線の場合、電線路が需要家と接続されることから、電線路が大地に電気的につながってしまう事故、いわゆる地絡事故が発生しても、非接地であれば地絡回路が形成されないため事故電流がとても小さくなり、事故電流による焼損などを防ぐことができます。また、混触といって、変圧器の絶縁が壊れたりして、高圧電圧が低圧線側に侵入した場合、低圧側の対地電圧が上昇することも防ぐことができ、この２つの特徴により、住宅などの電気的な安全を確保することができます。

　また、事故電流が少ないので、この後説明するような電話線への電磁誘導障害もほとんど発生しません。変圧器を△－△結線とすることができますから、単相変圧器を△結線とすることにより、１台の変圧器が故障してもＶ－Ｖ結線として運転を継続することができます。

　このように、非接地方式は配電線のように電圧の低い小規模系統では有利な方式ですが、特別高圧送電線のように電圧が高く、対地静電容量も大きい場合、事故時の電圧上昇や、電線路の絶縁能力の低減、事故時の線路の高速遮断などの面を考慮し、中性点を直接接地したり、抵抗やリアクトルで接地する方式が採用されています。

なぜ使われる 非接地方式配電線

中性点接地方式

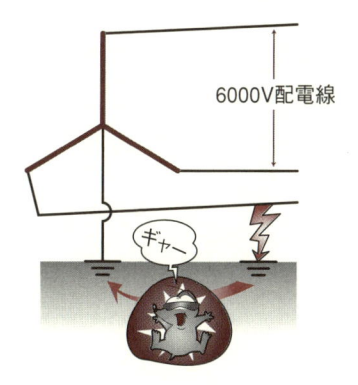

6000V配電線

ギャー

事故電流が大きい
⬇
事故をすぐ検出できる

中性点非接地方式

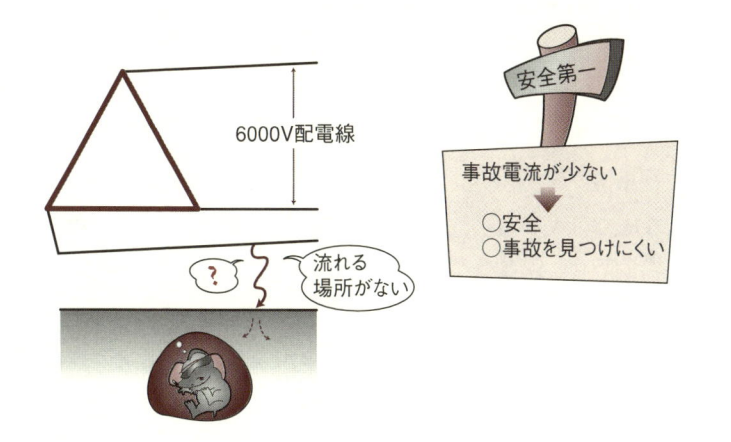

6000V配電線

? 流れる場所がない

安全第一

事故電流が少ない
⬇
○安全
○事故を見つけにくい

電気系統における事故のいろいろ

　電気は安全に使えばとても便利なものですが、いったん事故になると電気自身が目に見えないこともあり、感電や火災といった危険が伴います。そのため、電気設備は、事故が発生しないよう設計・工事・点検保守が実施されます。しかし、自然災害など、止むを得ない場合もありますから、電気系統で事故が発生した場合は、その被害を最小限にし、また安全が確保されるような保護装置を変電所などに設置しています。

　電気事故の主なものとしては、次のような事故があります。

　①**過電流事故**　過負荷または短絡により、回路の定格電流値以上の電流が流れる事故で、電気事故の中では最も発生比率が高いものです。放っておくと、回路が発熱し焼損してしまいます。短絡の場合は、瞬時に大電流が流れます。

　②**地絡事故**　電気回路の絶縁が損傷し、電流が回路以外の電気機器の外箱などを通って、大地に流れ込む事故です。このため、人が機器に触れて感電したり、火災の原因になったりします。また、短絡事故の初期は通常地絡事故になっています。

　③**欠相事故**　電気回路の3線のうちの1線が断線してしまい、正常な電気が届かなくなる事故です。例えば三相3線式で1線が断線したりする場合です。電動機が焼損したり、通常より大きい異常電圧が発生したりします。

　これらの事故は一般家庭にも発生するものですが、電力系統全体でみると、この他にも異常電圧、脱調事故、電波障害、電食などがあります。脱調事故は事故などの負荷の急変時に発電能力が追従できなくなってしまう事故、電波障害は事故時に三相回路のバランスが崩れる

ことから通信線に電磁誘導障害を及ぼす事故、電食は電気的化学作用により地中の金属体などに腐食を起こす事故で、主に電気鉄道のレールの漏れ電流から発生します。

事故のいろいろ

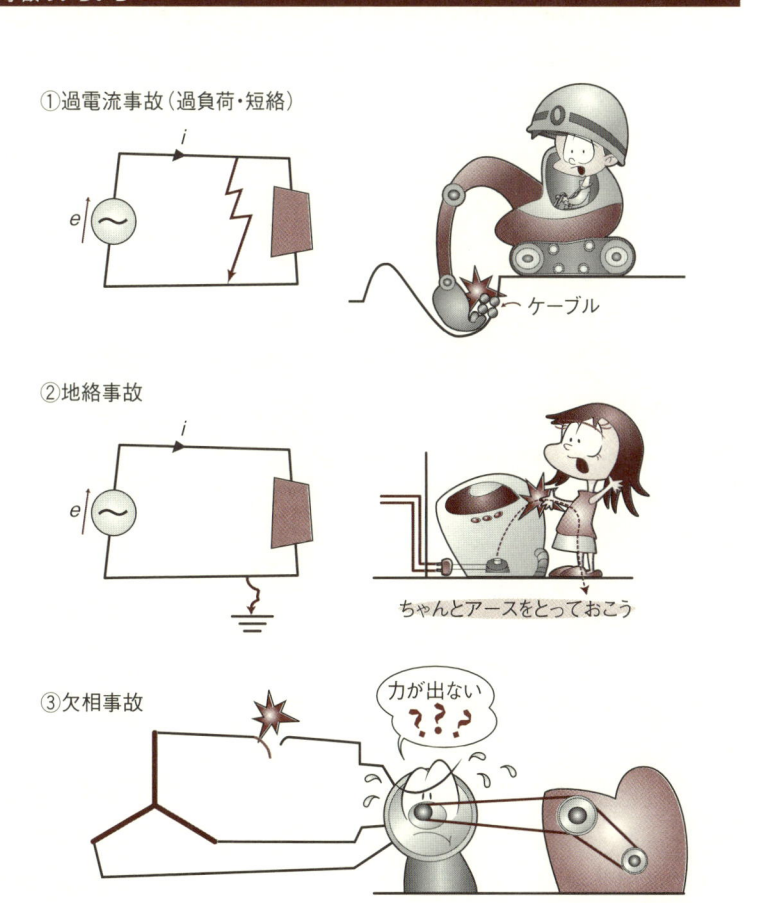

①過電流事故（過負荷・短絡）

ケーブル

②地絡事故

ちゃんとアースをとっておこう

③欠相事故

力が出ない

炎のストッパー 過電流遮断器

　過電流は過負荷過電流と短絡電流に分かれます。過電流は電気回路的には、回路内を流れ外部に漏れ出すことはありません。過負荷過電流は、電動機などの負荷が想定以上に大きくなったことにより発生します。これが継続すると、やがては電動機などが焼損してしまいます。短絡電流は、回路内の短絡により発生し、その発生場所により通常の電流程度だったり、数十倍以上の大電流が流れたりします。

　このように、過電流遮断器が対象とする電流値の範囲が小さい値から大電流まで非常に広いわけですが、その遮断動作は小さい電流では大差なく、主に短絡電流の遮断方法により種類が分かれます。

　短絡電流の遮断方法には限流遮断と非限流遮断の2種類があります。限流遮断は、短絡電流が正弦波電流波形の最大値になる前に遮断してしまうもので、非限流遮断は正弦波電流波形の最大値を通り過ぎ、電流が零点になるところで遮断するか、さらに何回目かの零点で遮断するものです。

　それでは、低圧用のいろいろな遮断器の特徴を見てみましょう。

　①**気中遮断器（ACB）**　非限流遮断で、遮断器の最も基本的なものです。幹線用の開閉器としても使用されます。

　②**配線用遮断器（MCB）**　いわゆるブレーカというもので、最も普及しているものです。いろいろな種類があります。

　③**限流ヒューズ**　遮断容量が大きいことから、短絡電流が大きい回路で使います。

　④**電磁開閉器**　マグネットスイッチと呼ばれ、電動機回路に取り付け、回路の開閉と過電流保護の両方を行ないます。

炎のストッパー　過電流遮断器

過電流遮断器

→ 短絡電流
ストップ
過電流遮断器
短絡

限流遮断

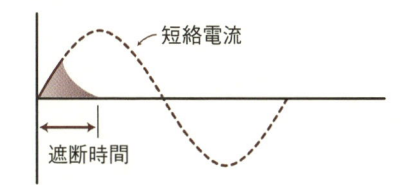

短絡電流
遮断時間

短絡電流が波高値に達する前に電流を制御し遮断する。

非限流遮断

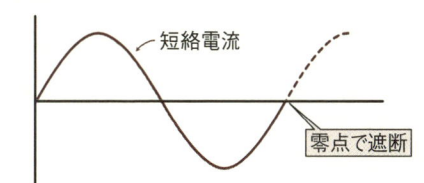

短絡電流
零点で遮断

短絡電流は、波高値を通過し、次の電流零点で遮断する。ここで遮断できないときは、さらに次の電流零点で遮断する。

アークに負けるな　交流遮断器

　電力系統の変電所などでは電圧も高く、流れる電流も大きいため、遮断器も大形のものが設置されます。

　電路の遮断はまず電極を引き離します。すると、電気も消されたくないということで電極間にアークが発生するので、次にアークを引き伸ばして消去し、遮断します。アークが消えることを消弧といいます。電圧が数千Vになると、遮断時のアークを消去することができなくなり遮断が困難になるため、絶縁油の中で開閉する油入遮断器（OCB）がつくられ、その後、消弧室というものを設け、いろいろな媒体を用いて遮断するようになりました。ガス遮断器（GCB）、空気遮断器（ACB）、磁気遮断器（MBB）、真空遮断器（VCB）などです。

　例えばガス遮断器は、消弧能力の高いSF_6（六ふっ化硫黄）ガスをアークに吹き付けてアークを消すものです。遮断能力が優れており、50万V用の高電圧大容量のものもつくられています。

　また、電力系統の遮断器は、1回動作して終了ということはなく、系統は1回遮断の後、再送電されることから、このとき再び遮断動作が必要な場合があります。このため遮断器の動作責務が定められており、一般には[遮断―(1分)―投入後再遮断―(3分)―投入後再々遮断]ですが、重要な送電線では高速度再閉路といって[遮断―(標準0.35秒)―投入後再遮断―(1分)―投入後再々遮断]の動作において、絶縁破壊や過度の噴油・噴煙・機械的衝撃がなく、実用上支障があってはならないとされています。

　ヒューズは高圧回路では電力ヒューズといわれます。電力ヒューズは小容量の変圧器や電動機などに用いられます。限流形には密閉形、非限流形は放出形のものが用いられます。限流ヒューズは、絶縁筒と呼ば

れる容器内にヒューズ素子を取り付け、その周囲には消弧砂（石英砂）を充填してあります。

　放出形は、磁器やファイバ製容器の中にヒューズ素子を張ったもので、ヒューズが溶断すると引きバネにより消弧筒の中に引き込みます。配電線の柱上変圧器の高圧カットアウトなどがこれにあたります。

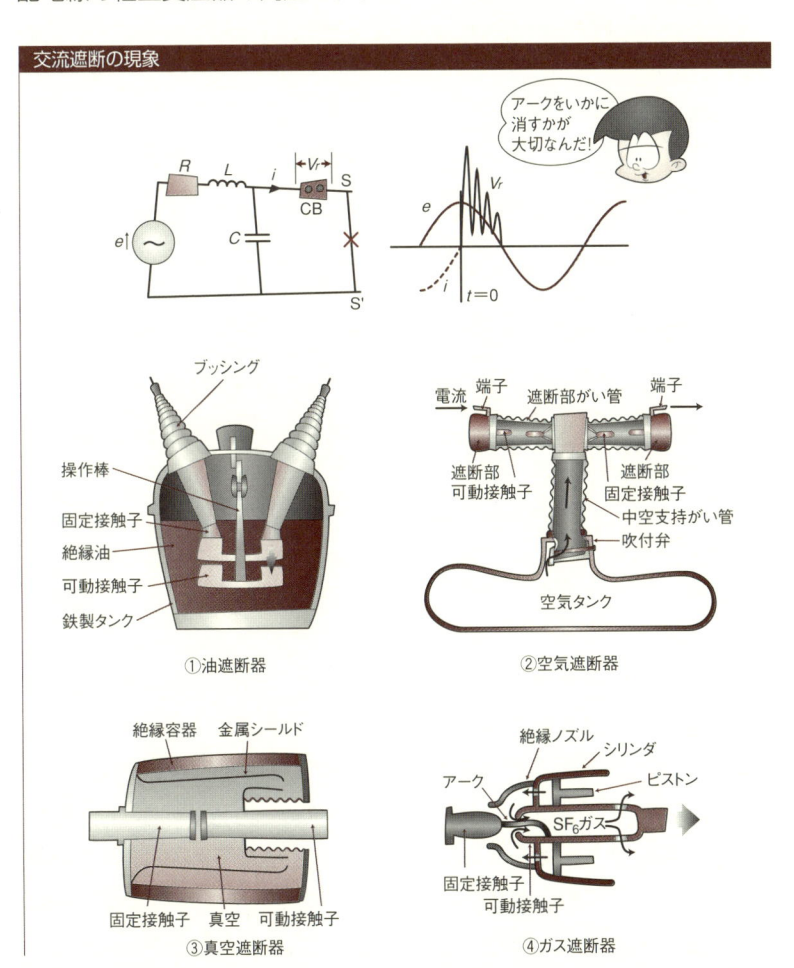

交流遮断の現象

アークをいかに消すかが大切なんだ！

① 油遮断器
- ブッシング
- 操作棒
- 固定接触子
- 絶縁油
- 可動接触子
- 鉄製タンク

② 空気遮断器
- 電流
- 端子
- 遮断部がい管
- 端子
- 遮断部可動接触子
- 遮断部固定接触子
- 中空支持がい管
- 吹付弁
- 空気タンク

③ 真空遮断器
- 絶縁容器
- 金属シールド
- 固定接触子
- 真空
- 可動接触子

④ ガス遮断器
- 絶縁ノズル
- シリンダ
- アーク
- ピストン
- SF_6ガス
- 固定接触子
- 可動接触子

どう見つけるか　地絡事故

　過電流事故の場合は、その過電流から回路を保護し、かつ事故の影響を最小限にするために、いかにして過電流を遮断するかということが目的になりますが、地絡事故の場合、地絡電流は値が微小であるため必ずしも即遮断とはしないで、配電線などでは地絡の状況・大きさにより警報を出したりします。

　しかし、家庭の配線の場合は、次に述べる漏電遮断器のように、直接感電の危険があることから地絡を検出した場合は即遮断が必要です。

　地絡事故の検出方式としては、地絡電流を検出する方式と、電圧を検出する方式があります。

　①**電流検出**　低圧系で広く用いられている方式で、三相３線式の場合、通常３線の電流の和は零ですが、事故時は零になりません。したがって、変流器（CT）または零相変流器（ZCT）を用いて、この電流を感知するものです。

　②**電圧検出**　地絡事故の地絡電流により発生する電圧を検出する方式で、抵抗接地方式や非接地方式のように地絡電流が小さい場合に採用されます。非接地方式の場合、接地形計器用変圧器（GPT）を用いて検出します。

　このように事故を検出し、遮断器に遮断の命令信号を送るものを保護継電器（保護リレーともいいます）と呼び、遮断器と組み合わせて電力系統の保護を行なっています。この継電器には目的や事故の状況によりいろいろな種類があります。事故点までのインピーダンスを求め、それを距離に置き換える距離継電器、事故区間の両端を同時に遮断するパイロット継電器、電流の向きにより事故区間を判定する方向継電器などを組み合わせ、電力系統の短絡および地絡を保護しています。

どう見つけるか 地絡事故

零相変流器

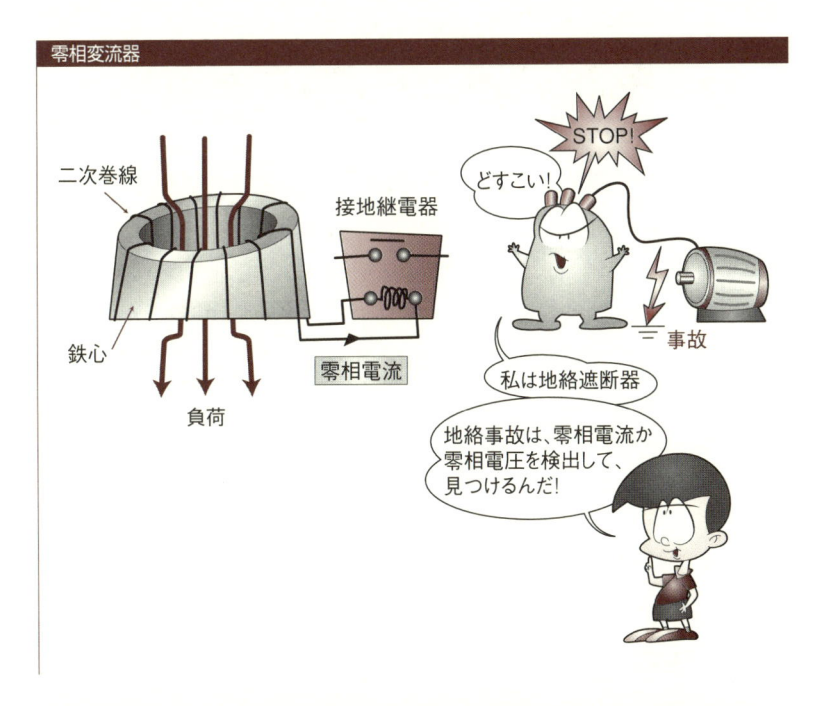

- 二次巻線
- 鉄心
- 負荷
- 接地継電器
- 零相電流

STOP!
どすこい!
= 事故

私は地絡遮断器

地絡事故は、零相電流か零相電圧を検出して、見つけるんだ!

接地形計器用変流器

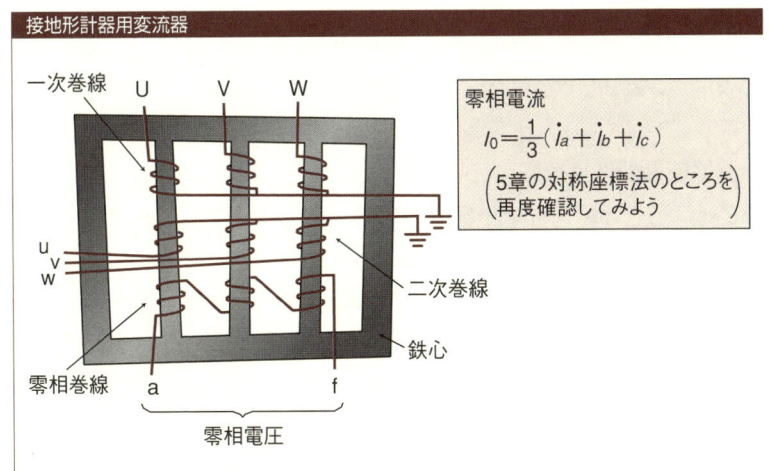

- 一次巻線 U V W
- u v w
- 二次巻線
- 鉄心
- 零相巻線　a　　　f
- 零相電圧

零相電流
$$I_0 = \frac{1}{3}(\dot{I}_a + \dot{I}_b + \dot{I}_c)$$

（5章の対称座標法のところを再度確認してみよう）

感電防止の名選手　漏電遮断器

　漏電遮断器（ELCB）は、その名のとおり漏電を検知し即座に遮断する機器です。このため、電気設備を保護する一般の過電流遮断器や地絡遮断器とは異なり、人間が感電するのを防ぐとともに火災を防ぐことを目的としています。従来は電気機器の絶縁不良による感電防止対策は主に接地工事に頼っていましたが、最近はこの漏電遮断器が広く活用されています。

　ここで感電について簡単に説明しましょう。1mA程度の電流が流れると、人間の体は電流が流れたことを感じるようになります。これを感知電流といいます。電流が5～20mAの電流になると、もう人間は筋肉を自由に動かせなくなります。この電流を不随意電流といいます。そして、これ以上になると、心臓を動かしている筋肉が痙攣し、死亡する恐れがあります。

　一方、人間の身体の抵抗は500～1000Ωなので、電流と抵抗から安全な電圧（許容接触電圧）が求められます。身体の大部分が水中にあるような場合は、溺れることも勘案し5mA×500Ωから2.5Vになります。通常50mAとすると25～50Vが許容接触電圧となります。

　漏電遮断器は地絡電流を感知し、回路を遮断しますが、必ず遮断することのできる電流を定格電流といい、高感度形で5～30mA、中感度形で50～1000mAです。動作時間は高速形で0.1秒以下、時延形で0.1秒超過です。湿った場所や移動形機器など接地線が断線する恐れがある場合は、感電保護を目的として高感度形を使用します。機器の接地が確実に行なわれている場合や、幹線など電流値が大きい場合は不必要動作を防止するため中感度形を用います。

　漏電遮断器には緑色のテストボタンがついているので、月に1～2回

は正常に動作することを確認します。また、たびたび漏電遮断器が動作するような場合は、漏電による災害の危険がありますので、必ず電気工事店に相談しましょう。

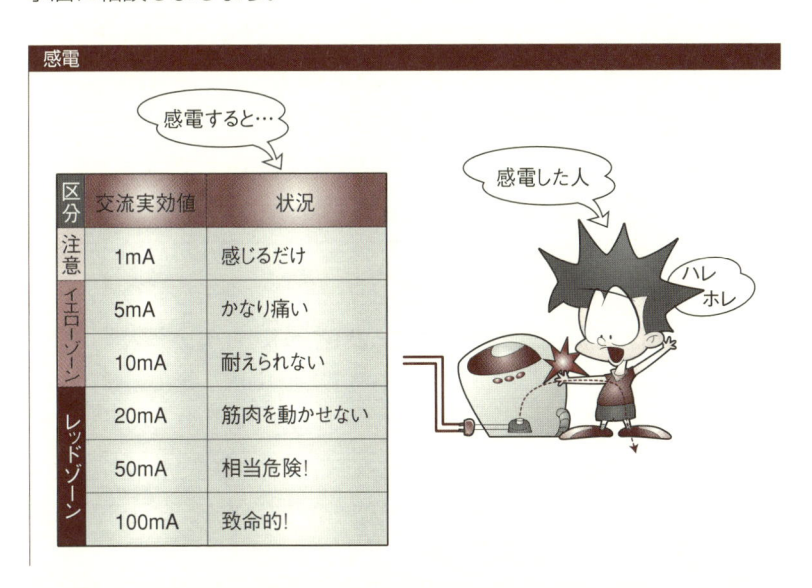

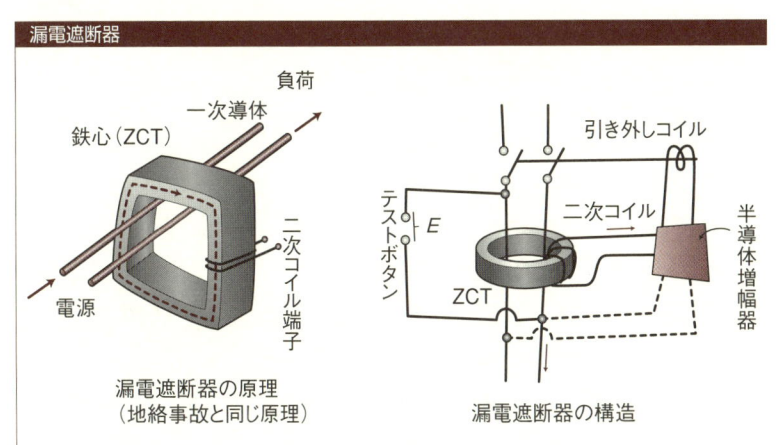

感電

区分	交流実効値	状況
注意	1mA	感じるだけ
イエローゾーン	5mA	かなり痛い
	10mA	耐えられない
レッドゾーン	20mA	筋肉を動かせない
	50mA	相当危険!
	100mA	致命的!

感電すると…

感電した人

ハレホレ

漏電遮断器

漏電遮断器の原理
(地絡事故と同じ原理)

漏電遮断器の構造

仮想体験　鉄塔に昇ろう！

　鉄塔を仰ぎ見ると、その大きさに感心し、またはるか彼方まで続く送電線をみて、その行き先に思いをはせた方も多いのではないでしょうか。電力会社の技術者を除き、通常私達は鉄塔に昇ることは不可能ですが、せっかくの機会ですから仮想体験をしてみたいと思います。

　どうせ昇るのであれば、今回は50万V鉄塔がいいでしょう。現在は50万Vですが、設計は100万V用の鉄塔です。あんな高いところまで、とても昇れないと思うかもしれませんが、大丈夫です。今は、大きな鉄塔には自動昇降装置もありますし、安全帯をちゃんと着けていれば墜落もしません。

　一番上まで行くとかなりの高さです。それもそのはずで高さは110mもありますし、鉄塔は山の上に建設されていますからさらに高く感じます。そして山なみの向こうまで送電線が続くのは感動的です。鉄塔の横幅だって最大で48mもあります。

　がいしの数を数えてみましょう。なんと28個もあります。懸垂がいしといいますが、直径30cm程度で、大きな中華鍋みたいです。がいしの端から端まで5mくらいはあります。

　電線は810mm^2の鋼心耐熱アルミ合金より線（TACSR）という電線が50cm間隔で4本一組になっています。これを多導体といい、1本では電線があまりに太く、工事が難しくなり電気的損失も大きくなるのを防ぐことができるそうです。電線1本あたりの直径は38.4mmでアルミ線が45本よってあり、中に鋼線が7本も入っています。100万Vになると、一相に8本も使うそうです。

　その他では、雷を防ぐため鉄塔の最上部に架空地線、がいしの両端にアークホーンがついています。

仮想体験　鉄塔に昇ろう！

　仮想体験とはいえ、鉄塔に昇ってみると、鉄塔が雨にも風にも負けないで電気を送るために毎日頑張っているのがよくわかります。

架空送電鉄塔

架空送電鉄塔

80m ●50万V設計
110m ●100万V設計

電線
←スペーサー
●50万V設計（4導体）

電線
←スペーサー
●100万V設計（8導体）

大きな電気回路　電力系統

　今までは、家の中から外に向かって電線をたどってきました。最後に、発電所を含めた電力系統全体を見てみましょう。

　水力、火力、原子力を中心とした各発電所は送電線といくつかの変電所を経て配電用変電所までやってきます。ここから配電線として網の目のように広がっていき、各住宅や工場などに電気が送られます。これらの電気回路は万が一、1ヶ所が故障しても停電することのないように系統のネットワーク化が図られています。まさに、一番大きな電気回路といえます。

　電気は蓄えることができませんから、電力需要に応じて発電所の出力を調整する必要があります。これをコントロールするのが中央給電指令所というところです。中央給電指令所では、需要の変動にあわせ、ベース負荷は原子力、大きな負荷変動は火力、ピーク時の対応は水力というように各発電所の特徴を生かした運用をします。また、事故時には、事故点の切り離しなど、電力が安定して供給できるような指令を出します。これらの複雑な計算には、コンピュータが使われています。

　また、夜間には余った電力により揚水式発電所をポンプとして運転し、下流の水を上流にくみ上げて昼間のピークに備えます。また、翌日の気温や行事などから発電量を予測し、発電所の運転計画を策定したりします。

　各電力会社の電力系統は、沖縄を除く日本全国の電力系統がすべて連系されており、設備の効率的な運転や供給力確保のための電力融通が行なわれています。これを、広域運営といい、周波数の異なる電力会社間を連系するため周波数変換装置を設置しています。一方、北海道―本州間では直流送電を実施しています。

大きな電気回路 電力系統

需要と供給の関係

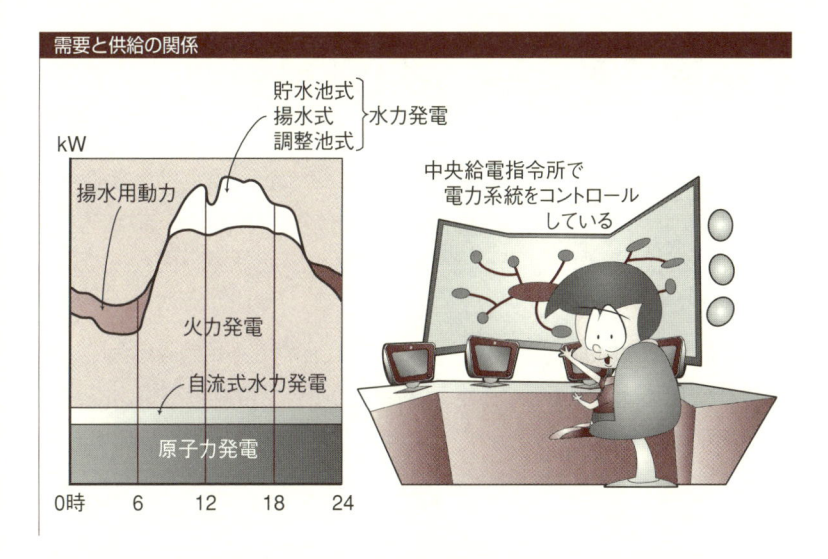

kW

- 揚水用動力
- 貯水池式 / 揚水式 / 調整池式 } 水力発電
- 火力発電
- 自流式水力発電
- 原子力発電

0時　6　12　18　24

中央給電指令所で電力系統をコントロールしている

電力系統のイメージ

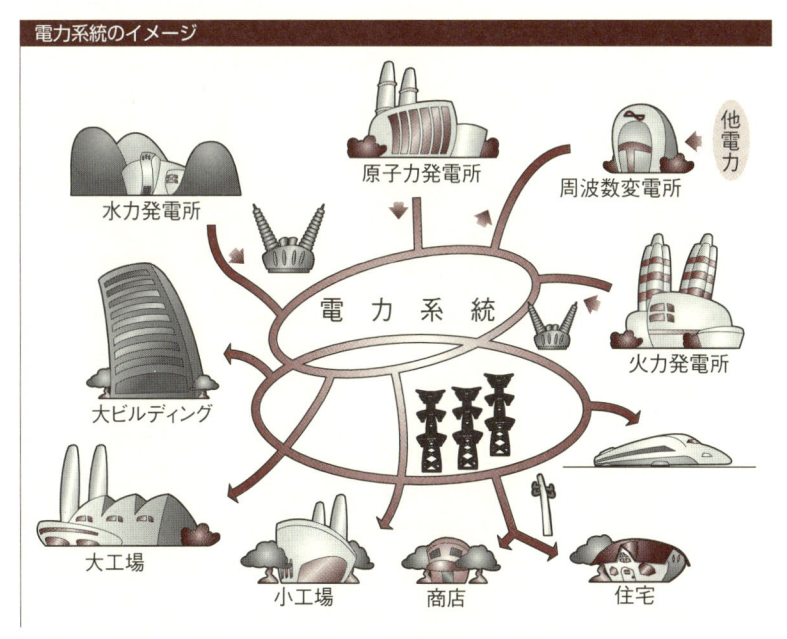

- 水力発電所
- 原子力発電所
- 周波数変電所
- 他電力
- 電力系統
- 火力発電所
- 大ビルディング
- 大工場
- 小工場
- 商店
- 住宅

167

名前はすてき　コロナ

　コロナ（corona）は、本来冠のことで、また皆既日食のときに、太陽の周りに広がって見える真珠色の神秘的な丸い光をいいます。しかし、電気的には送電線などが局部的に空気の絶縁破壊を起こして生じる放電現象をコロナといいます。

　送電線のコロナは電線の外径が送電電圧に比べて不足する場合に、電線の周りの電界が強くなり、空気がそこの部分だけ絶縁破壊され、電線の表面で部分放電が発生するものです。この放電現象をコロナ放電といい、コロナが生じると光や音を出し、ラジオの受信障害となり悪影響を及ぼします。

　コロナ放電で生じた音、光は電気エネルギーが形を変えたものですから、これが電力損失となり、コロナ損と呼ばれます。

　空気の絶縁耐力が破れる電位の傾きは、標準の空気状態では約30kV、雨の日では約24kVであり、電線の表面がこの値以上になると発生するといわれています。このため送電線に使用する電線の外形は、送電電圧に応じてある値以上にするか、または電線を複数本にする複導体にしてコロナの発生を防ぐ必要があります。また、架線金具の改良や、架線時に電線表面や金具を傷つけないことも大切です。経済的に問題がある場合は、共同アンテナやフィルタの挿入など受信機側で対策をとる場合もあります。

　コロナ放電により電流パルスが発生すると、主として中波であるラジオ受信において障害を発生しますが、周波数の関係からテレビへの影響はほとんどありません。またコロナ放電の放出に伴うコロナ騒音という障害もあります。

　名前だけはすてきな、送電線のコロナです。

名前はすてき　コロナ

コロナ

コロナ

| 単導体 | 複導体 | スペーサー |

①コロナ電圧が小さくなる
②リアクタンスが小さくなる

電線が細いとコロナが発生しやすい

電線が太いと工事がやりにくい

今日は湿っているせいだ。

仲間がいるぞ

ガリガリ

ゲコゲコ

誘われたくない　誘導障害

　電気は静電容量やインダクタンスを応用することにより、私達の生活にとって数え切れないほどの働きをしています。静電現象は電界によって生じる現象で、ブラウン管やコピー、集じん機や医療機器などで活躍しています。また、電磁気現象では電動機やコンピュータの記憶装置などがあります。

　しかし、時にはそれらの作用が思わぬいたずらをしたり障害を起こしたりします。電線路では、送電線の電圧や電流により、通信障害を起こしたり人体に電撃を感じることがあり、これを誘導障害といいます。

　誘導障害には電界による静電誘導と、磁界による電磁誘導があります。冬の乾燥したときに、ビルのドアや車に触るとビリっとすることがありますね。あれは、通常の静電気の作用ですが、送電線の静電誘導もあれに似たものです。

　静電誘導は送電線路の電圧と、通信線などの間の静電容量の不平衡により発生します。電界中に絶縁された導電性の物体があると、これに誘導電圧が生じ、これを接地すると電流が流れます。つまり、誘導された物体に人が触れた瞬間、または人のほうが誘導を受けていて接地された物体に触った瞬間、放電し瞬間的に電流が流れ電撃を感じるわけです。この電流は、人に害を与えるほどのエネルギーはないのですが不快感を与えます。実験では、30V/cm以下であれば実用面では大丈夫とされています。従来はほとんど問題なかったのですが、最近超高圧送電線の建設に伴い、その影響が検討されました。対策としては遮へい線を設けたり、ねん架といって送電線の各相を適当な距離で位置の入れ替えをすると静電誘導を軽減することができます。

　電磁誘導は、地絡事故時に不平衡電流が流れると、それにより大き

な零相電流が流れ、通信線との電磁的な関係により電圧や電流を誘導し障害を与えるものです。遮へい線やねん架の他、送電線の接地抵抗を大きくしたり事故時の高速遮断により誘導電圧を小さくしています。

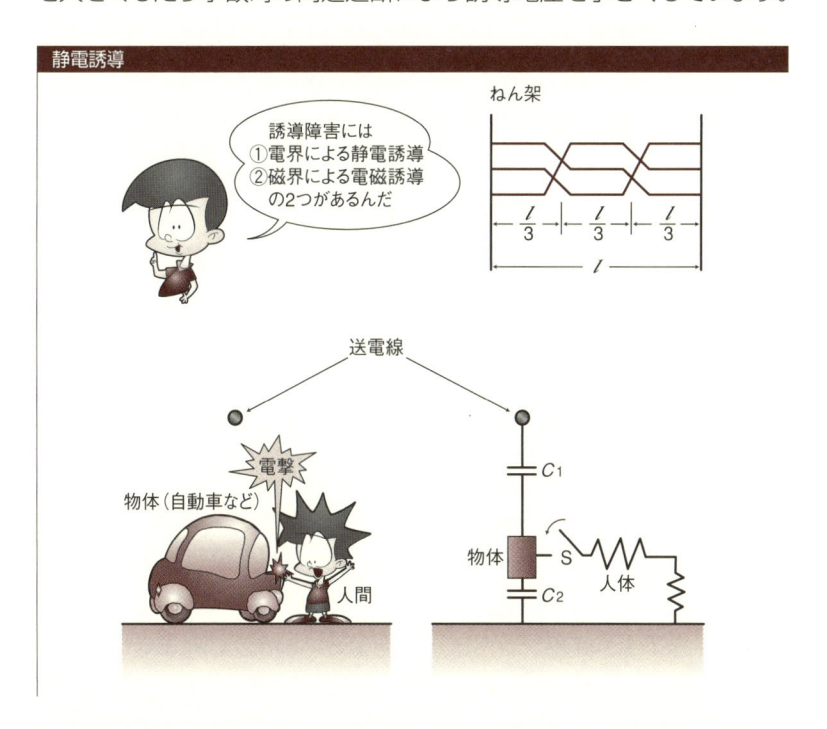

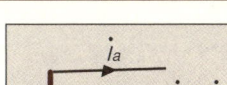

静電誘導

誘導障害には
①電界による静電誘導
②磁界による電磁誘導
の2つがあるんだ

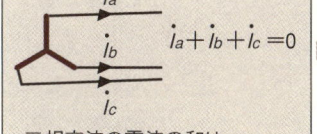

ねん架

送電線

電撃

物体（自動車など）
人間

C_1
物体
S
人体
C_2

電磁誘導

i_a
i_b
i_c

$i_a + i_b + i_c = 0$

三相交流の電流の和は通常は0だが…

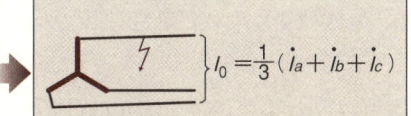

$I_0 = \dfrac{1}{3}(i_a + i_b + i_c)$

事故があると、零相電流が流れ、電磁誘導障害を起こす。

どういう効果？ フェランチ効果

　電線路に電流を流すと、電圧降下が生じます。ですから、通常負荷側の方が電源側より、電圧降下分だけ電圧が低くなります。ところが、交流回路ではそうは簡単にいかない場合があるのです。

　通常、送電線の負荷は電動機などによる遅れ力率ですから、遅れ電流により電圧降下を生じます。しかし、負荷が小さい場合や、特に無負荷の場合には、送電線の静電容量による充電電流が流れることになり、電流はほぼ90°進んだ電流になります。そうすると、ベクトル図からもわかるように、負荷側の方が電圧が高くなってしまいます。つまり、進み電流の場合、容量リアクタンスの電圧降下分だけ、受電端の電圧が上昇するのです。これを、フェランチ効果といい、あまりいい効果ではなく、悪さをしかねない効果です。

　また、このような進み電流が発電機に流れると、この影響で発電機の発生電圧が高くなり、それによりさらに進み電流が流れて、最後には極限値まで電圧が上昇し、発電機や周辺の機器を壊してしまう場合があります。このような現象を自己励磁現象といいます。発電機は安全な運転をするために進み電流の極限値を算出しておき、これに相当する容量を超えないような負荷にしています。

　また、受電設備には通常、遅れ電流が大き過ぎないように、力率を適正に維持するために電力用コンデンサが取り付けられていますが、お正月やゴールデンウィークなどで会社や工場が休みになると、受電設備の負荷が電力用コンデンサだけになってしまい、進み電流が流れ、電圧が上昇してしまうことがあります。このような場合、事前にコンデンサを切り離しておく必要があります。

どういう効果？ フェランチ効果

フェランチ効果とは

電流

電圧 E_r

電圧 E_S

電圧の高い方に電流が流れているぞ！

フェランチ効果のしくみ

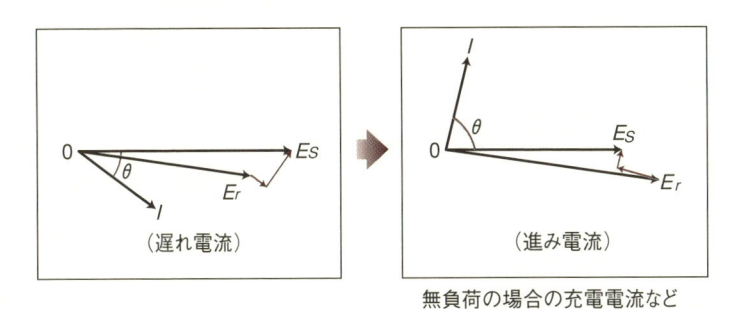

（遅れ電流）　（進み電流）

無負荷の場合の充電電流などから、発生する

下から落ちる？　雷の話

　電気に関係の深い自然現象に雷がありますが、この雷の仕組みについてみてみましょう。

　大気の空気が温められて軽くなり、上の方の空気が冷えて重くなると大気の対流作用により上昇気流が発生します。大気は上昇に伴って気圧が下がることにより気温が下がるのですが、空気に水蒸気が含まれていると、水蒸気が凍る時に熱を出すことから気温が下がらず、このためさらに上昇気流が激しくなります。これが積乱雲（入道雲）で、このとき雲の中で水蒸気の電荷が分離し雷雲となります。

　この雷雲の電荷と、大地に誘導された電荷との間の放電が落雷で、大地放電ともいいます。大地放電へのプロセスは、普通は最初に雷雲から大地に先駆放電（リーダともいう）が発生します。これは、雲から大地に向かい徐々に放電現象が枝分かれしながら下降していく現象です。そして先駆放電が大地に近づくと大地から迎えの放電が上昇し、両者が結合した瞬間、雲と大地間の放電路ができ、大音響とともに大地側から大電流と強い発光を伴った主放電（帰還雷撃）が上昇して、雷雲の電荷の一部を中和します。多重雷といって、若干の時間をおいて、同一放電路を通って同様の雷撃が繰り返される場合もあります。私達が見る稲妻は主放電ですから、本来は地上から雲に向かって放電するのですが、言葉が落雷というように、私達には雷が上から落ちてくるように感じます。

　雷のサージ電圧は、落雷地点近傍では1000kV以上になることもあり、直撃を受けると被害を防ぐことは不可能です。直撃雷を防止するためには、建物には避雷針を、送電線には架空地線を施設します。架空地線に雷撃を受けた場合、鉄塔の電位が瞬間的に上昇し、通常とは

下から落ちる？ 雷の話

逆に、鉄塔から電線にせん絡を起こす場合があり、これを逆せん絡といいます。雷の時期は電力系統にとってもヒヤヒヤが続く季節です。

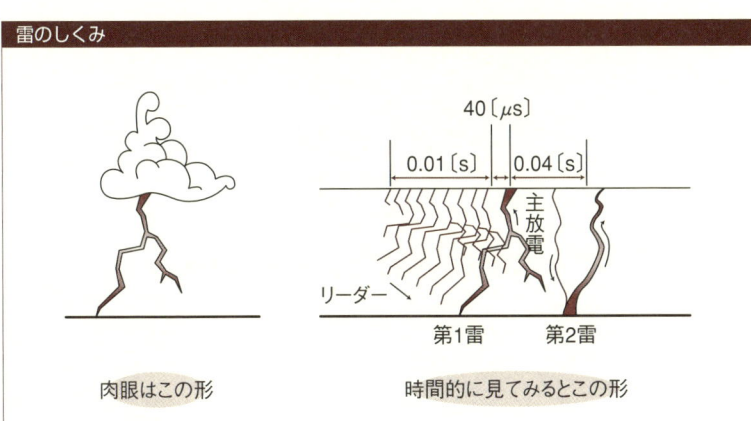

雷の発生

-60℃
入道雲
30℃
静電誘導により大地が帯電する

雷をナイスキャッチするぞ！
私を守って！
雷雲
避雷器
架空地線
電線
大丈夫
助けて！

雷のしくみ

40 [μs]
0.01 [s]　0.04 [s]
主放電
リーダー
第1雷　第2雷

肉眼はこの形　　時間的に見てみるとこの形

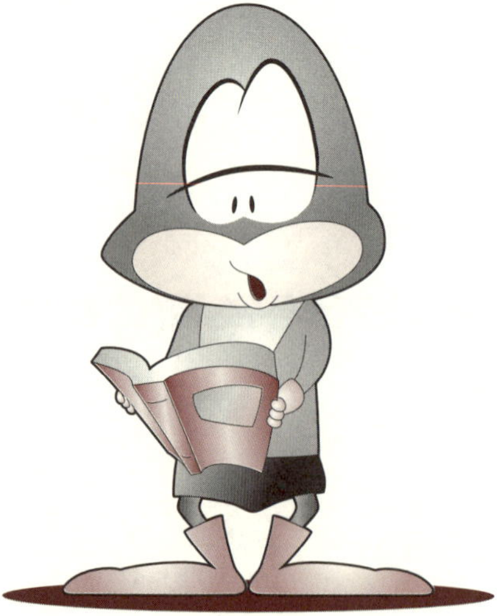

7

回路の缶詰・測定器

　これから紹介するいろいろな測定器は、電気回路の性質をとても上手に応用したものばかりです。ですから、測定器の中には電気回路が詰まっているといってもいいでしょう。それぞれに特徴がありますから、ぜひじっくり味わってみてください。また、読者の皆さんも新しい測定器について考えるのも楽しいかもしれません。

計器の基本　指示電気計器

　指示電気計器は、指針の振れが直接電圧や電流を示すもので、最も多く用いられる電気計器です。いろいろな種類がありますが、その代表選手として可動コイル形と可動鉄片形をみてみましょう。

　可動コイル形は、永久磁石のつくる磁界中に可動コイルを置き、コイルに測ろうとする電流を通じて可動部分を動かす力、すなわち駆動トルクを発生させるもので、感度もよく正確な直流用の計器です。しかし、交流では反周期ごとにトルクの方向が変わるので、指針が振れず使用することができません。

　可動コイル形に流すことができる電流は数十mA程度と小さいため、大きな電流や電圧を測定するためには、分流器や倍率器を用います。また、1つの計器にいくつかの分流器と倍率器を内蔵することにより、広範囲の測定ができる電圧電流計をつくることができます。

　①分流器　電流計に抵抗を並列に接続し、電流計に流れる電流を少なくして、電流計の測定範囲を拡大します。

　②倍率器　電圧計に抵抗を直列に接続し、電圧計に加わる電圧を小さくして、測定範囲を拡大します。

　可動鉄片形は固定コイルに測定しようとする電流を流し、固定コイルの中に配置した小さな可動鉄片が磁化されて、吸引または反発するトルクが発生して指針を動かします。可動鉄片形は直流でも交流でも使用でき、その指針の振れはコイルに流れる電流の2乗に比例しますが、構造的に平等目盛りになるように工夫されています。

　①吸引形　可動鉄片が固定コイルの磁界により、より強く磁化される方向に吸引される力によりトルクを発生します。

　②反発形　可動鉄片と固定鉄片を固定コイルの中に置き、両鉄片を

計器の基本　指示電気計器

同一の極性に磁化することによる反発力でトルクを生じます。

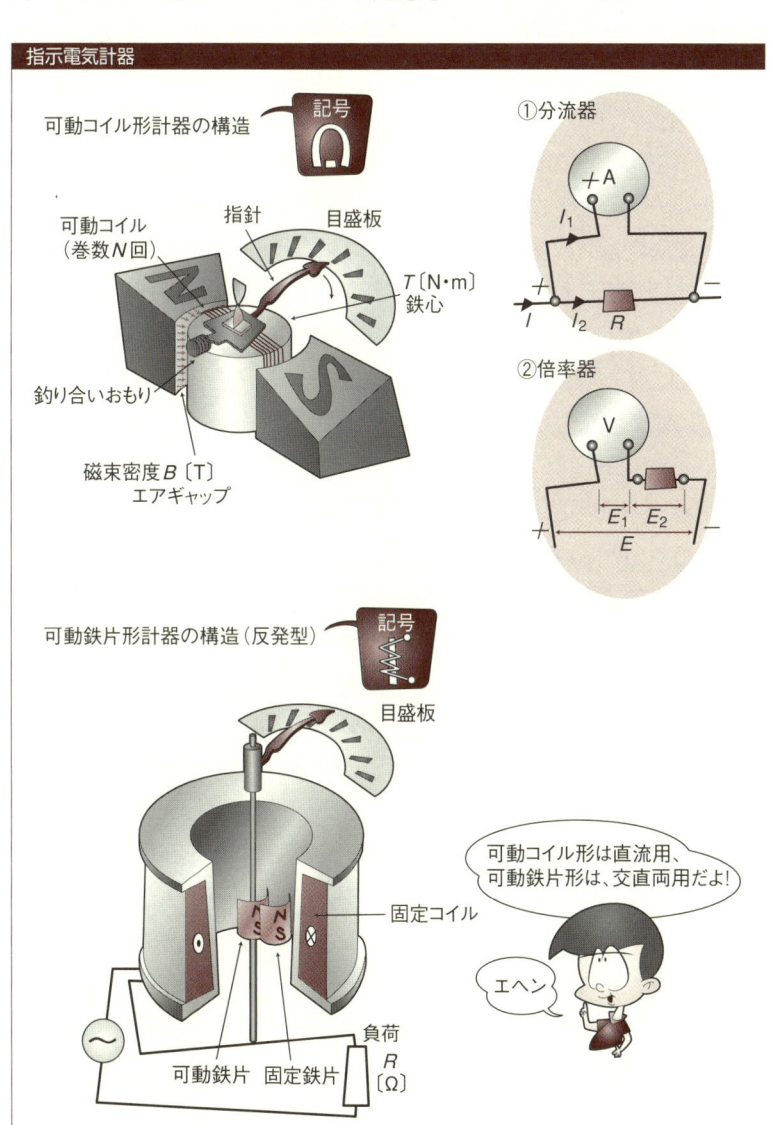

指示電気計器

可動コイル形計器の構造　記号

- 可動コイル（巻数N回）
- 指針
- 目盛板
- T〔N·m〕
- 鉄心
- 釣り合いおもり
- 磁束密度B〔T〕
- エアギャップ

①分流器

②倍率器

可動鉄片形計器の構造（反発型）　記号

- 目盛板
- 固定コイル
- 可動鉄片
- 固定鉄片
- 負荷 R〔Ω〕

可動コイル形は直流用、可動鉄片形は、交直両用だよ！

エヘン

3つで測る 単相交流電力

単相電力P_1は、電圧をV、電流をI、力率を$\cos\theta$とすると$P_1 = VI\cos\theta$です。この電力の測定には、電流力形電力計という計器を使用します。この原理は固定コイルに負荷電流を流し、可動コイルに負荷の端子電圧を加えます。そうすると、可動コイルの指針の振れ、すなわち指針を動かそうとするトルクは負荷の電力に比例するので、この振れにより負荷電力を知ることができます。普通、固定コイルを電流コイル、可動コイルを電圧コイルといいます。

では、電力計がない場合はどうすればよいでしょうか。この場合は三電流計法や三電圧計法により測定することができます。この測定法では既知抵抗Rを用意し、回路の電流値または電圧値を計算することにより、ちゃんと$P_1 = VI\cos\theta$が求められます。

また、無効電力や力率はどうすれば測れるでしょうか。これも電流力形電力計を工夫することにより測定できます。

まず無効電力は、普通の電力計の電圧コイルに大きなコイル（インダクタンスL）を入れて、力率＝1の場合に、電圧と電流の両コイルの位相差が90°になるようにします。こうすると、$\cos(90°-\theta)=\sin\theta$となり無効電力が求まるわけです。

力率は、1つの電流力計の中に電流コイルと電圧コイルを2つ設け、電圧コイルは互いに直角にします。すると、力率＝1では片方の電圧コイルのみトルクが働きます。力率＝0ではもう片方の電圧コイルのみトルクが働きます。そして、任意力率$\cos\theta$では、θだけ指針が振れるとトルクが釣り合って静止しますから、このθより力率$\cos\theta$を知ることができます。

3つで測る 単相交流電力

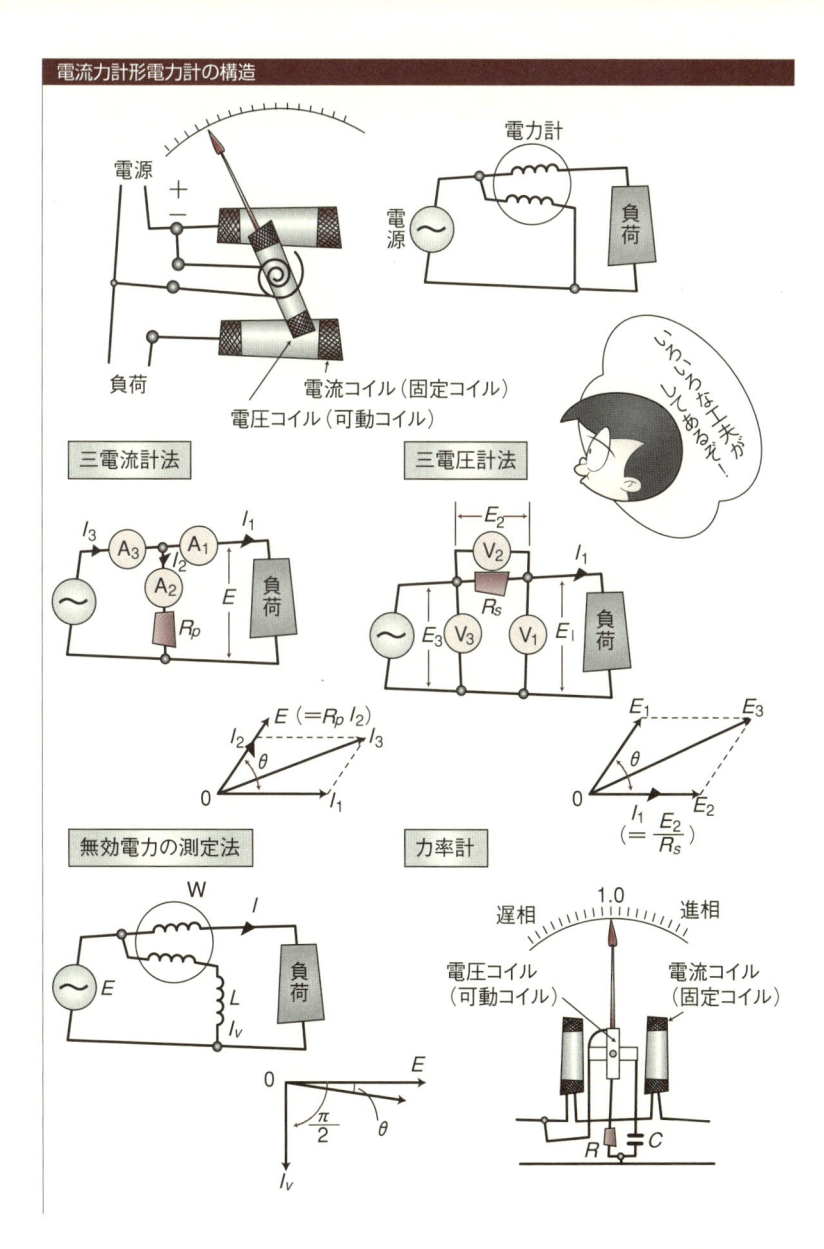

電流力計形電力計の構造

電源／負荷／電流コイル（固定コイル）／電圧コイル（可動コイル）

電力計／電源／負荷

三電流計法

$E (= R_p I_2)$

三電圧計法

$I_1 \left(= \dfrac{E_2}{R_s}\right)$

無効電力の測定法

力率計

遅相 1.0 進相

電圧コイル（可動コイル）／電流コイル（固定コイル）

2つで3つを測る方法　二電力計法

　三相3線式交流回路の電力を測定する場合は、単相電力計を2個用いることにより測定することができます。この方法は、二電力計法と呼ばれ、一般に広く用いられている方法です。この測定で、電力計W_1、W_2の指示がP_1、P_2の場合、三相電力は次により表されます。

$P = P_1 + P_2$

　二電力計法は、負荷が不平衡の場合でも測定できますが、負荷の力率が低い場合、すなわち$\theta = 60°$（力率$= \cos\theta = 0.5$）以下の場合は、片方の電力計は負電力を示し、指針が逆に振れることになります。この場合は、その電力計の電圧コイルの接続を逆にして電力を読み、$P = P_2 - P_1$（P_1が逆に触れた場合）として電力を求めることになります。

　なぜ、2つの電力計で三相電力が測れるのでしょうか。それは、次により証明できます。各相電圧の瞬時値をe_1、e_2、e_3、各線電流の瞬時値をi_1、i_2、i_3とすると、電圧コイルは線間電圧に接続しているので、電力計の指示は

$$\begin{aligned} p_1 + p_2 &= (e_1 - e_2)i_1 + (e_3 - e_2)i_3 \\ &= e_1 i_1 - e_2(i_1 + i_3) + e_3 i_3 \\ &= e_1 i_1 + e_2 i_2 + e_3 i_3 \end{aligned}$$

となり、負荷の各相の瞬時電力の総和になります。したがって、その平均をとると、$P = P_1 + P_2$となります。

　そして、この証明を拡張することにより、一般にn相n線式の電力は$(n-1)$個の単相電力計で測定することができます。これをブロンデルの定理といいます。

二電力計法

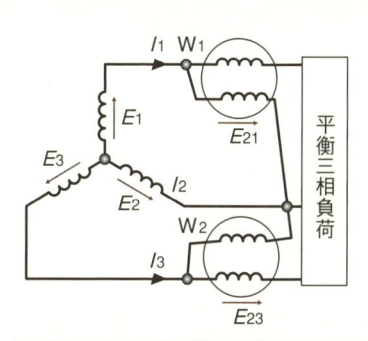

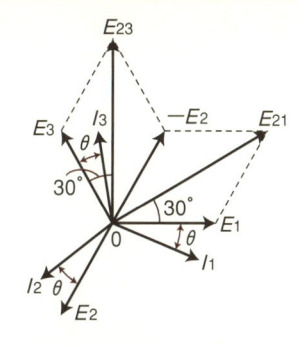

各電力の指示

$P_1 = I_1 E_{21} \cos(30°+\theta)$
$P_2 = I_3 E_{23} \cos(30°-\theta)$

$I_1 = I_3 = I_l$、$E_{21} = E_{23} = E_l$ とすると

$P = P_1 + P_2 = I_l E_l \cos(30°+\theta) + I_l E_l \cos(30°-\theta)$

$= I_l E_l (\cos30°\cos\theta - \sin30°\sin\theta + \cos30°\cos\theta + \sin30°\sin\theta)$

$= I_l E_l \cdot 2\cos30°\cos\theta$

$= \sqrt{3} I_l E_l \cos\theta$

ブロンデルの定理

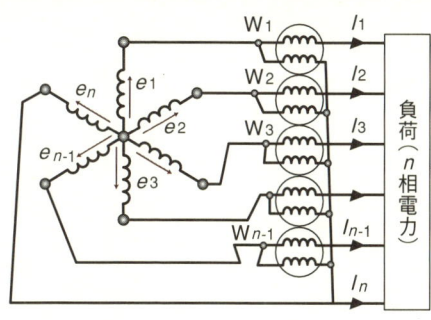

2つで3つがわかる。
$n-1$ で n がわかる。

$P = P_1 + P_2 + \cdots + P_{n-1}$

抵抗測定の定番　ホイートストンブリッジ法

　抵抗測定の定番といえば、このホイートストンブリッジ法です。0.1から10^5Ω程度の、いわゆる中抵抗の測定に最も広く使用され、かつ、きわめて正確な測定ができます。また、この方式からいろいろな抵抗測定用のブリッジが考案されているほか、交流回路にも応用され、インダクタンスや静電容量の測定にも使用されます。

　既知抵抗a、b、Rと測定抵抗のXの4つの抵抗に、電池と検流計を図のように接続し、b/aの比を一定に保ち、Rを細かく調整し、検流計の振れをゼロにすると、ブリッジの平衡条件より

$$\frac{b}{a}=\frac{X}{R} \text{ または}aX=bR\text{、したがって求める抵抗は}X=\frac{b}{a}R$$

となります。

　aとbを比例辺、Rを平衡辺といいます。このように検流計の振れゼロを平衡条件にした測定法を零位法(れいい)といいます。

　実際には、Rの調整が構造上段階的にしか変更できない場合は、検流計の振れをゼロにすることができない場合があります。このような場合は、検流計の振れがあまり大きくない範囲で、その振れの量が比例するものとして、平衡する場合の抵抗を求めることができます。

　つまり、RがR_1のとき、検流計の目盛りはd_1となり、RがR_1+rのとき、検流計の目盛りはd_2となったとすると、Rがrだけ変化したので、目盛りがd_1+d_2に変化したことになります。これより、検流計の1目盛り分の抵抗をR_dとすると、次によりRが求まります。

$$R_d=\frac{r}{d_1+d_2} \text{ となるので求める値は}R=R_1+\frac{r}{d_1+d_2}d_1 \text{〔Ω〕}$$

　応用としては、Xの部分に検流計を接続し、その平衡条件（検流計

が振れない）から検流計の内部抵抗を測定するケルビン法、低抵抗を測定するダブルブリッジ法、電解液などの抵抗を測るコールラウシュブリッジ法などがあります。

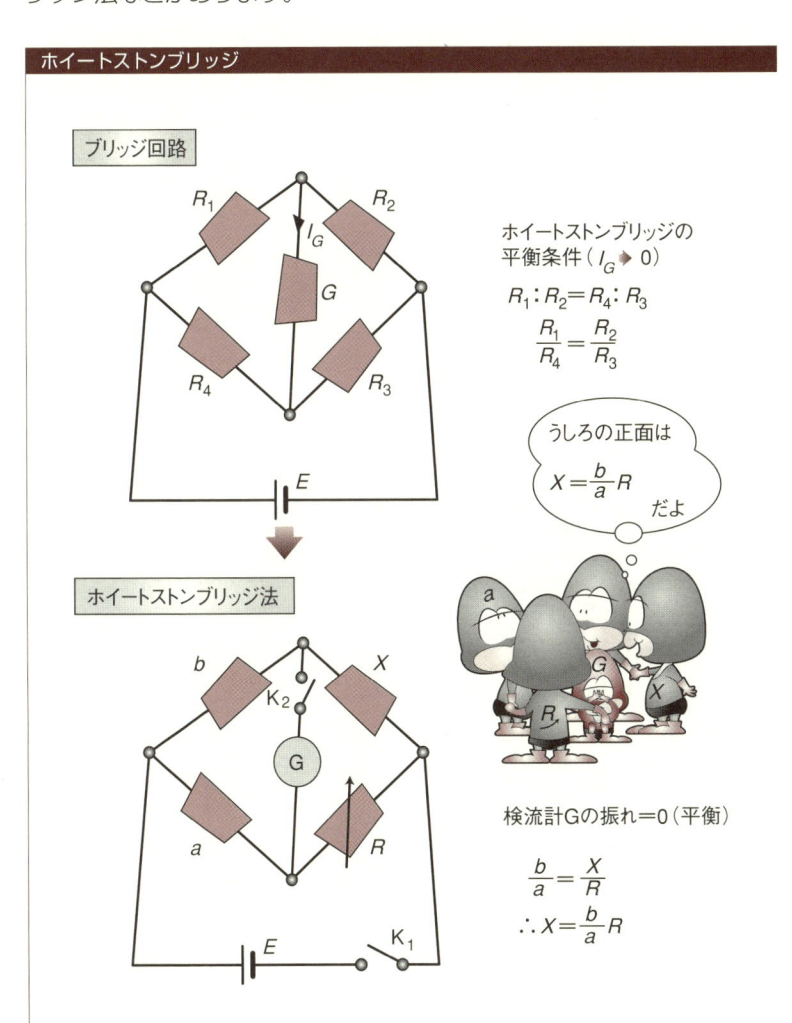

ホイートストンブリッジ

ブリッジ回路

ホイートストンブリッジの平衡条件（$I_G \to 0$）

$R_1 : R_2 = R_4 : R_3$

$$\frac{R_1}{R_4} = \frac{R_2}{R_3}$$

うしろの正面は $X = \frac{b}{a}R$ だよ

ホイートストンブリッジ法

検流計Gの振れ＝0（平衡）

$$\frac{b}{a} = \frac{X}{R}$$

$$\therefore X = \frac{b}{a}R$$

オームの法則で直接求める　電圧降下法

電圧降下法とは、オームの法則を直接に応用したもので、図aと図bのように、電圧計と電流計を用いて、未知の抵抗Xを以下により算出します。

$$X = \frac{E}{I} \ [\Omega]$$

また、図cのように、未知抵抗Xと既知抵抗Rを直列に接続し、これに電流を通じて、2つの電圧計により、以下のようにして求められます。

$$X = \frac{RE_X}{E_R} \ [\Omega]$$

電圧降下法は、測定が簡単であり、あまり精度は高くありませんが、Xの値を次により補正すれば正確な値が求められます。

$$\text{図aでは} \frac{E}{I - (E/R_V)} 、\text{図bでは} X = \frac{E}{I} - R_A$$

なお、上の式のR_Vは電圧計の抵抗、R_Aは電流計の抵抗です。

図aの場合は、比較的小さい抵抗を大電流で測定すれば、電圧計の電流は無視できます。図bの場合は、比較的大きな抵抗を測れば、Xに対して電流計の内部抵抗は無視できます。このaとbの使い分ける境界は

$$X \fallingdotseq \sqrt{R_A R_B}$$

で示されます。

電圧降下法は測定が簡単なだけでなく、電球のように電流による発熱により抵抗が大きく変化するものなどに対し、実際の使用状態で測定できるという大きな特徴があります。

オームの法則で直接求める 電圧降下法

電圧降下法

オームの法則

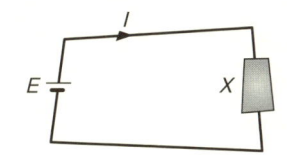

$$X = \frac{E}{I} \, [\Omega]$$

電圧降下法はみんなオームの法則の応用だよ。

図a

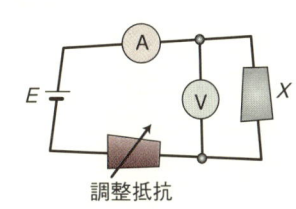

$$X = \frac{E}{I}$$

$$\left(X = \frac{E}{I - \frac{E}{R_V}} \right)$$

$\frac{E}{R_V}$ は、電圧計に分流する電流だよ。

図b

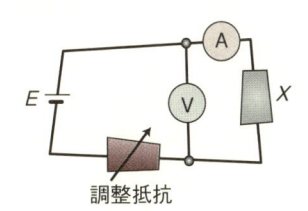

$$X = \frac{E}{I}$$

$$\left(X = \frac{E}{I} - R_A \right)$$

R_A は、電流計の内部抵抗だよ。

図c

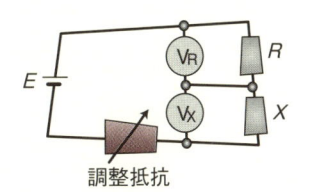

$$X = R \frac{E_X}{E_R}$$

R がわかっていれば、電圧に比例するんだ。

大地を測る　接地抵抗の測定

 避雷器や変圧器などの電気設備や洗濯機などの電気機器は、事故時の漏えい電流の検出や、万一漏電した場合の安全確保のため接地しています。接地していない場合は危険ですから、ぜひ接地するようにしましょう。この接地抵抗値は、目的により許容される値が「電気設備の技術基準」に規定されており、この値を確保することが必要です。接地抵抗は大地の乾湿により変化し、また、直流を通じると成極作用＊を起こすので、通常測定電源には交流を用います。ここでは、代表的な測定方法であるコールラウシュブリッジ法について説明します。

 この方法は、古くから用いられており、図のように測ろうとする被測定接地極 P_1 のほかに、互いに10m以上の距離をおいて補助接地極 P_2、P_3 を設け P_1-P_2、P_1-P_3、P_2-P_3 の間のそれぞれの合成接地抵抗 X_1、X_2、X_3 をコールラウシュブリッジ法により測定するものです。

 いま、P_1、P_2、P_3 のそれぞれの接地抵抗を R_1、R_2、R_3 とすると、X_1、X_2、X_3 との間には次の関係が成り立ちます。

$$X_1 = R_1 + R_2, \quad X_2 = R_1 + R_3, \quad X_3 = R_2 + R_3$$

この方程式より、R_1 は次のように求められます。

$$R_1 = \frac{X_1 + X_2 - X_3}{2} \ [\Omega]$$

この方法は、3回の測定結果から接地抵抗を算出するので手間がかかり、かつ補助接地極の抵抗が R_1 に比べて相当高い場合は測定値に大きな誤差を生じる欠点があります。R_1、R_2、R_3 の大きさがほぼ等しいときに良い結果が出ます。

＊**成極作用**：直流を流すと、電気分解作用により一種の逆起電力が働いて見かけ上、抵抗が増加する作用。

大地を測る　接地抵抗の測定

コールラウシュブリッジ

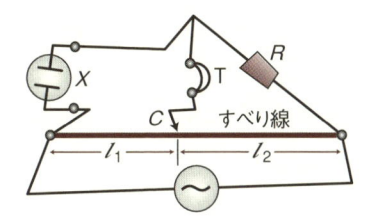

X：電解液の抵抗や接地抵抗
T：検電器（受話器）

（受話器の音が最小になる点を求める）

$$X = \frac{l_1}{l_2} R$$

接地抵抗の測定

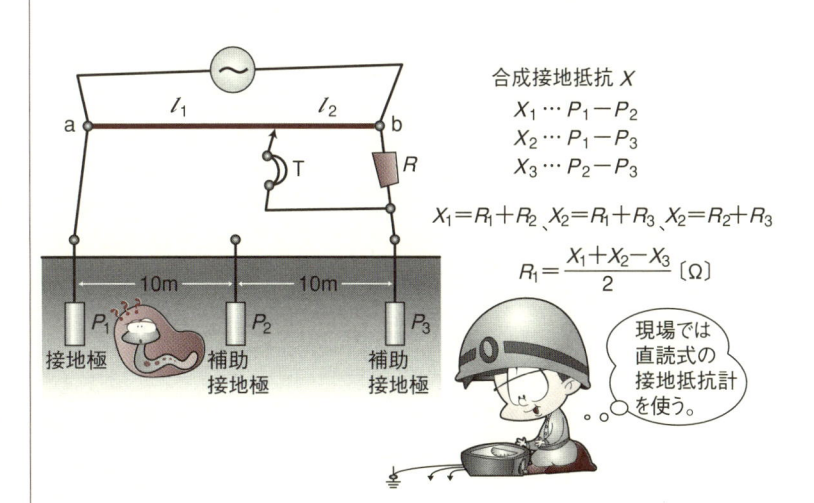

合成接地抵抗 X

$X_1 \cdots P_1 - P_2$
$X_2 \cdots P_1 - P_3$
$X_3 \cdots P_2 - P_3$

$X_1 = R_1 + R_2$、$X_2 = R_1 + R_3$、$X_2 = R_2 + R_3$

$$R_1 = \frac{X_1 + X_2 - X_3}{2} \, [\Omega]$$

現場では直読式の接地抵抗計を使う。

私は貴金属　抵抗温度計

抵抗の温度係数 α をあらかじめ知っていれば、抵抗変化を測定することにより、温度 T〔℃〕を求めることができます。R_0, R_T をそれぞれある抵抗体の0℃と T〔℃〕における抵抗（Ω）とすると、温度 T は

$$T = \frac{R_T - R_0}{\alpha R_0} \text{〔℃〕}$$

で求められますから、この抵抗 R_T をホイートストンブリッジを使って求めて、温度を測ります。この方法による温度計を抵抗温度計といい、そのため測定用の抵抗線には次のような性質が必要です。

①温度係数が大きいこと
②抵抗率が大きいこと
③材質が均一で安定していること

この条件を満足する抵抗線としては通常、白金線（$\alpha = 0.0040$）や、大きな負の抵抗温度係数をもつ半導体のサーミスタなどが用いられます。

抵抗温度計は、工業用の温度計の中で最も多く使用されているもので、白金を用いた場合−200〜600℃程度までの精密測定が可能です。白金は長さ0.1から0.2mmで25Ω程度のものですが、とても高価なので、簡易的にニッケル線や銅線を用いる場合もあります。また、電気機械の巻線の温度上昇測定は、電気機械の銅線自身を利用しています。

抵抗線は黄銅、鋼、ニクロム、ガラス、石英、磁器などの保護管（抵抗管）に収めますが、抵抗管が高温にさらされるとリード線の抵抗増加により誤差が生じるので、図のようにリード線を3線使用したり、補償リード線を取り付けたりして、リード線の抵抗による誤差を少なくする

ような工夫がしてあります。さらに、測定器のリード線は銅線ですが、抵抗管のリード線には銀や金を使用し、銅リード線との間の熱起電力を少なくするとともに、酸化による誤差を防いでいます。

　白金、金、銀を使うなど、抵抗温度計は貴金属並みの温度計です。

抵抗温度計

（ホイートストンブリッジ）

- 測温抵抗 R_X
- 導線抵抗 r_1
- r_2
- r_3
- R_1
- R_2
- R_3
- 増幅器
- 温度指示計
- 電源

測温抵抗（白金）
巻わく（マイカ、石英）
リード線（銀、金）
保護管（黄銅、鋼、石英）

測温抵抗管 ＝ 白金 銀

高そ〜

事故点捜査隊　マーレーループ法

　電気は目に見えませんから、電力系統に事故が発生した場合に事故点を発見するのは、大変な作業になります。特に地中線ケーブルの場合、ケーブルは地面の中ですから、設備を直接点検することができません。そこで、ケーブルの事故点を発見する方法がいろいろ工夫されています。

　事故点測定法といっても、原理はとても簡単で電気回路の性質を応用したものです。代表的な方法を紹介しますが、実際にはさまざまな影響があり、なかなか難しい面もあります。

　①**マーレーループ法**　ホイートストンブリッジの原理を応用した直流抵抗ブリッジです。ケーブルの事故の大部分はこの方法で測定することができます。測定方法が簡単で、精度も高いという特徴があります。

　②**容量法**　断線事故はマーレーループ法を使うことができません。この方法は、事故点までの静電容量と全長の静電容量の比から事故点を求めます。原理的には正確なのですが、実際には静電容量の変化などによりあまり正確でない場合があります。

　③**パルス法**　原理はレーダと同じものです。事故点にパルス電圧を送り出し、事故点からの反射パルスをオシロスコープにより検知して、パルスの伝搬時間から事故点までの距離を求めるものです。マーレーループ法と併用することにより、どのようなケーブル事故でも測定することができます。事故点の状況により高圧や低圧のパルスを使い分けて測定します。

　なお、ケーブルの場合、道路を掘削したりする必要があることから、事故点を発見できてもすぐに修理して復旧可能というわけにはいきません。このため、通常は系統を二重にしておき、事故時には切り替えて送

電を継続しています。

事故点を調べる方法

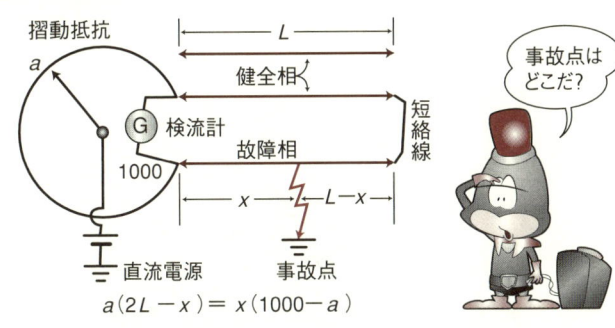

マーレーループ法

摺動抵抗

吹き出し: 事故点はどこだ?

$a(2L - x) = x(1000 - a)$

$$\therefore x = \frac{2aL}{1000} \text{(m)}$$

容量法

$x = L \dfrac{C_x}{C_h}$ （健全相あり）

$x = L \dfrac{C_x}{C_x + C_{x0}}$ （健全相なし）

C_x：故障相の静電容量
C_h：健全相の静電容量
C_{x0}：反対側から故障相の静電容量

パルス法

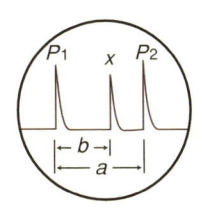

$P_1 P_2$ の間隔 $a = t_0$ 〔μs〕
故障点からの反射時間 $tx = t_0 \cdot \dfrac{b}{a}$ 〔μs〕
パルスの伝搬速度 v 〔m/μs〕

$$x = \frac{v\, tx}{2}$$

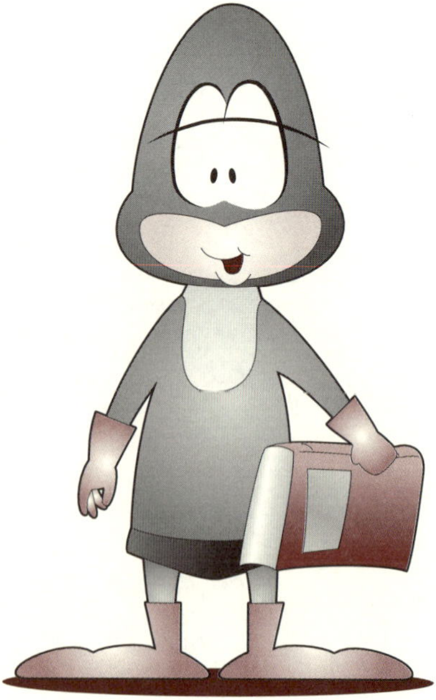

8

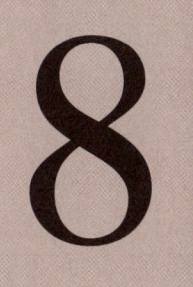

未来の電気回路

　この章では、現在は研究中または試験中の技術で、将来きっと出現するであろう新しい電気設備や仕組みについて紹介します。まもなく実用化されそうなもの、もう少し時間がかかるものなどさまざまですが、いずれも電気回路というよりは科学技術の結晶ともいえるものです。場合によると、現在の生活がすっかり変わってしまうような技術もあります。SFの世界に勝るとも劣らない、未来の世界の電気回路を十分に味わってみてください。

巨大な宇宙発電所　宇宙太陽光発電

　宇宙太陽光発電は、強力な太陽光が降り注ぐ宇宙空間に、巨大な太陽電池パネルを敷き詰めた太陽発電衛星（ソーラーパワーサテライト・SPS）を浮かべ、地上の電気をまかなおうというもので、次のシステムにより構成されます。

　①太陽電池発電システム　太陽電池パネルで太陽光を電力に変換するものです。

　②マイクロ波送電システム　発電した電力をマイクロ波に変換し、地上の受電システムに正確な精度で送信する装置です。

　③マイクロ波受電システム　マイクロ波を地上または海上に設置したアンテナで受信し、半導体整流装置により商用電力に変換します。

　宇宙空間での太陽エネルギーの利用は、地上での太陽エネルギー利用と異なり、昼夜や天候に左右されないので常に安定した電力の供給が可能になりますし、宇宙から送られてくるマイクロ波は携帯電話でも使われているものです。電力供給時に二酸化炭素が出ないので、究極のクリーンエネルギーとしても期待されています。

　必要な技術としては、宇宙輸送、大形構造物組立、太陽光発電、マイクロ波送電、半導体技術、ロボット技術、送配電技術などですが、いずれも現在の技術を集大成することで実現可能なものです。

　約100万kW級の電力供給が可能で、その場合の設備の大きさは太陽電池パネルが2km×4kmのものが2枚、受電アンテナは直径で約10kmとなります。ですから、受電システムにおいても極めて広大な面積が必要です。さらに実現のためには、宇宙輸送コストの低減や発電システムの高効率化、小型・軽量化などの開発を進めるとともに、生体・人体や自然環境、既存の通信システムなどに及ぼすマイクロ波の

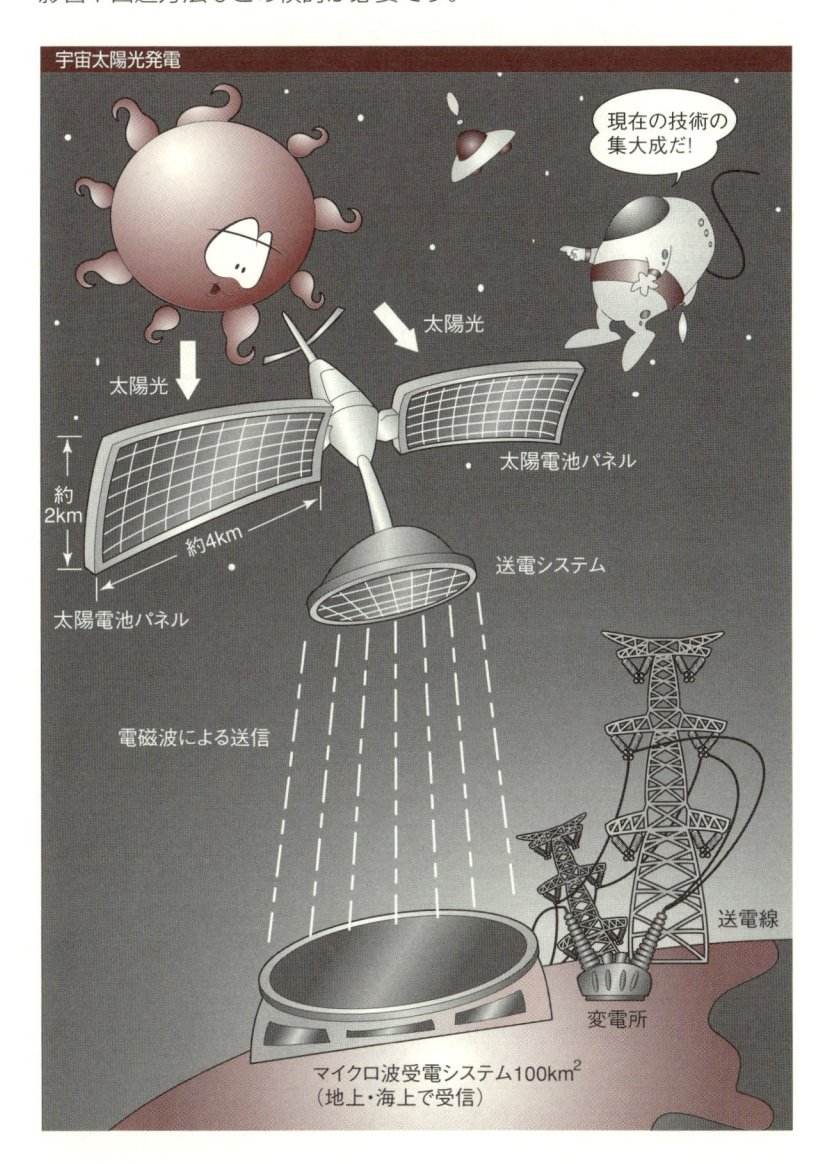

巨大な宇宙発電所　宇宙太陽光発電

影響や回避方法などの検討が必要です。

宇宙太陽光発電

現在の技術の集大成だ！

太陽光

太陽光

約2km

約4km

太陽電池パネル

太陽電池パネル

送電システム

電磁波による送信

マイクロ波受電システム100km^2
（地上・海上で受信）

変電所

送電線

夢の技術　核融合発電

　核融合発電について説明します。

　物質を構成する要素である原子核は、陽子と中性子からできています。この原子核の質量は陽子と中性子の質量の和よりいくらか小さく、この質量の差 m を質量欠損といい、大部分が陽子と中性子を結びつける結合エネルギーになっています。

　核融合は、原子核を互いに衝突させて融合させることですが、このとき質量欠損に相当するきわめて大きなエネルギー（$E=mc^2$ で c は光の速さです）を放出します。核融合発電は、このエネルギーを電力として利用しようとするものです。

　核融合は、正の電荷をもつ原子核どうしの結合ですから、お互いに反発しあい、しかも外側に電子が存在しているので簡単には反応しません。最も起こりやすい核融合反応は、相互の反発力が小さい重水素Dと三重水素Tの組合せによるもので、この2つを1000km/s程度の超高速で衝突させると融合し、ヘリウムと中性子が発生します。そして、このとき質量欠損に相当する膨大なエネルギー（1gの重水素で石油約8t分）が発生します。

　10万℃以上の高温時に、原子核と電子が電離し独立した状態なったものをプラズマといいますが、原子核を融合させるためには、プラズマをきわめて高い温度に保つ必要があり、重水素どうしでは約6億℃、重水素－三重水素では1億℃程度にしなければなりません。このため、核融合炉の壁に接触しないようにしてプラズマを閉じ込める必要があり、大きく分けて磁気または慣性による閉じ込め方法が研究されています。磁気による代表的な方法はトカマク形といい、トロイダルコイルというコイルとプラズマに流す環状電流による合成磁界により、プラズマをド

夢の技術　核融合発電

ーナツ状の環状部に閉じ込める方法です。

　これらは一国での研究ではコスト面や技術的課題から不可能であり、現在国際協力により進められています。いずれにしても、いろいろな課題もある、夢のエネルギーです。

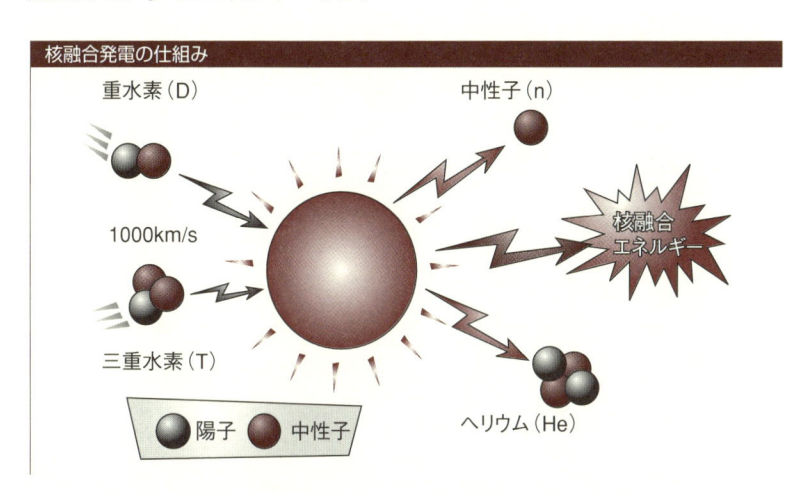

核融合発電の仕組み

重水素（D）
1000km/s
三重水素（T）
陽子　中性子
中性子（n）
核融合エネルギー
ヘリウム（He）

トカマク形核融合炉の概念図

ポロイダルコイル
磁力線
プラズマ電流
トロイダルコイル
容器
プラズマ

未来のエネルギーのため頑張っているんだ！

ロスのない世界　超伝導

　ある種の金属では、温度を非常に下げて0K（-273℃）付近にすると、その抵抗がほとんど零になる現象が見られます。例えば、水銀では4.370K、すずでは3.710Kという値です。このような現象を超伝導と呼んでいます。また、磁界においた金属を超伝導状態にすると、金属内部の磁界が零になる現象もあり、これをマイスナー効果といいます。さらに、最近では高温でも超伝導を示す物質も数多く見出されています。

　超伝導体は、基本的には電気抵抗が零ですから、電流を流しても損失が発生しません。このことからいろいろな超伝導機器が研究されています。核融合や磁気浮上列車に応用される超伝導マグネット、リニアモーターカーの超伝導同期発電機、超伝導ケーブル、超伝導変圧器などです。超伝導を用いると、大電流が流せることから送電容量などが飛躍的に増大するとともに機器の小形・軽量化が図られ、さらに損失がないことから効率が向上します。低温を維持するための冷却方式は、液体ヘリウムなどが使用されます。

　また、超伝導による電力貯蔵もあります。これは、インダクタンスL〔H〕のコイルに直流電流I〔A〕を流すと、$LI^2/2$〔J〕の磁気エネルギーが蓄えられることを利用するものです。コイルを超伝導電線とし、電流を流した状態でコイルの両端を短絡すると、電流の損失がありませんから電流は永久に流れ続けることになります。超伝導コイルとしては、1つのコイルからなるソレノイド形、ドーナツ状に並べた複数のコイルからなるトロイダル形があります。

　この超伝導電力貯蔵は貯蔵効率が高く、また応答速度が高速であることから電力系統の負荷の平準化、安定化に期待がもたれています。

ロスのない世界 超伝導

超伝導による電力貯蔵

極低温の世界では抵抗がなくなるんだ。

三相交流電力系統 — 変換器 — 永久電流スイッチ — 超伝導コイル

I, L

損失がないので電力を保存できる。

超伝導コイルの種類

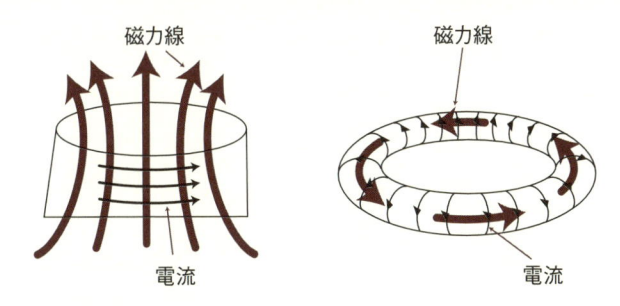

磁力線

電流

ソレノイド形
（1つのコイルからなる）

磁力線

電流

トロイダル形
（ドーナツ状に並べた複数のコイルからなる）

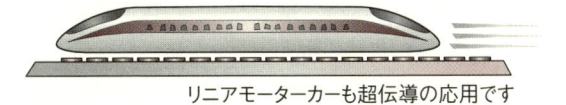

リニアモーターカーも超伝導の応用です

実用化目前！ 高性能電力用電池

電池には、化学反応を利用する一次電池、二次電池、燃料電池、物質の光－電気変換作用を利用した太陽電池があります。

一次電池は通常の乾電池などで、一度使ったら再使用できないものです。マンガン乾電池やアルカリ電池、リチウム電池などが電気機器やカメラ、時計など身近なところで広く使用されています。

二次電池は充電をすることにより、繰り返し反復使用できる電池で蓄電池とも呼ばれています。自動車のバッテリーがこれにあたりますが、電力貯蔵用も開発されています。深夜の余剰電力を貯蔵して昼間の重負荷時に対応させ、電力系統における昼夜間の電力需要の差を平準化するための二次電池が、大容量電力貯蔵システムとして研究されており、実用化段階に入ったものにNAS電池があります。NAS電池はナトリウム－硫黄電池で、6000kW級のものも建設されており、安全性、信頼性、充放電サイクルに対する耐久性、コンパクト性などの面でも、すでに実用可能な段階になっています。さらにNAS電池は、原材料としては高価な物質を使用していないので、今後量産効果による大幅なコストダウンが期待されています。

燃料電池は水の電気分解の逆反応を利用して、燃料の水素と空気中の酸素を化学反応させ電気を取り出す化学電池です。燃料電池はエネルギー変換の効率がよく大気汚染を伴わないので、将来の重要な電力源として期待されています。都市の電力源として期待されているのは、リン酸水溶液を電解液にして200℃付近で運転するリン酸形燃料電池や、電解質にフッ素樹脂系イオン交換膜を使い、室温から80℃程度で運転する固体高分子形燃料電池などです。燃料電池も、技術的にはほとんどクリアされており、将来、商業・業務用ビル・戸建・集合住宅、

実用化目前！ 高性能電力用電池

そして自動車などへの普及について、実用化段階の入口にあるといえます。

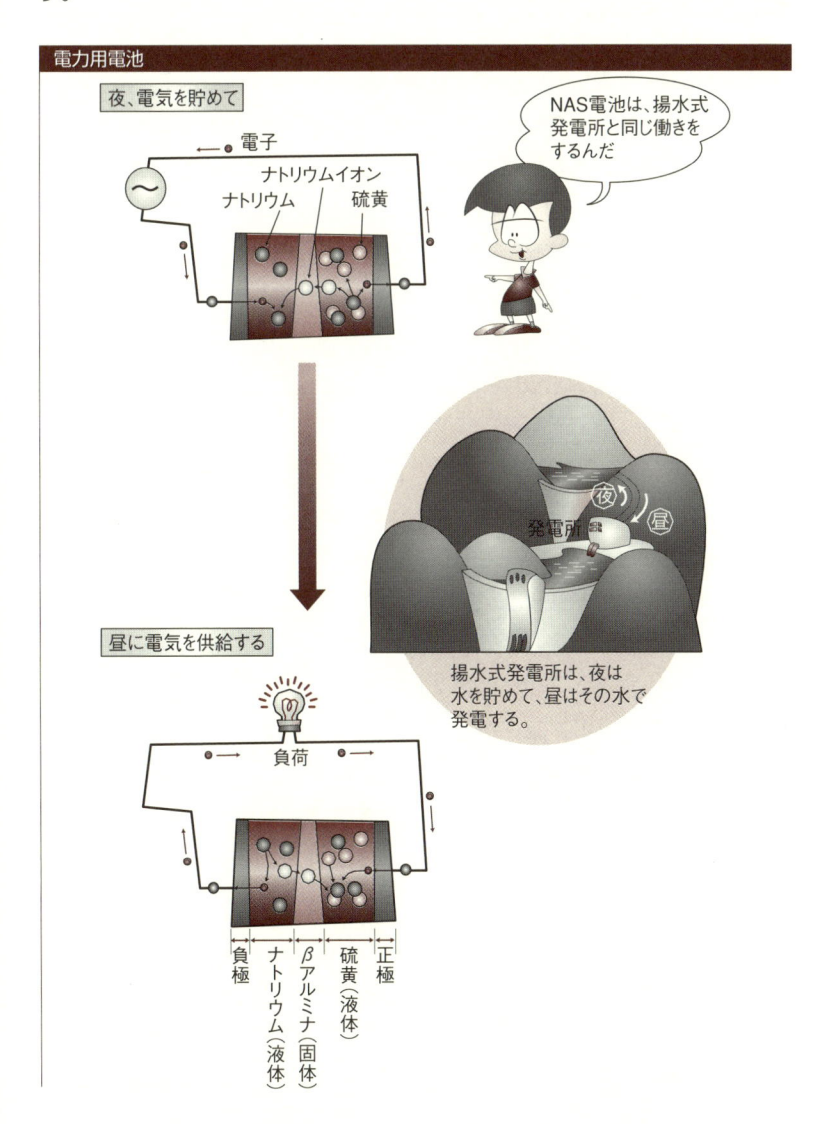

電力用電池

夜、電気を貯めて

電子
ナトリウム
ナトリウムイオン
硫黄

NAS電池は、揚水式発電所と同じ働きをするんだ

発電所
夜
昼

揚水式発電所は、夜は水を貯めて、昼はその水で発電する。

昼に電気を供給する

負荷

負極／ナトリウム（液体）／βアルミナ（固体）／硫黄（液体）／正極

一家に一台？ マイクロガスタービン

　マイクロガスタービンは、電気と熱供給を一緒に行なうもので熱電併給、またはコ・ジェネレーションと呼ばれる方式の一種です。通常のコ・ジェネレーション方式に比べ、家庭やレストランなど施設規模が小さい場所でのシステムになります。

　原理的には、航空機用補助動力源やターボチャージャをベースに開発されたガスタービンを、都市ガスなどを燃料として運転し、これらの施設で必要とする電力と暖房や給湯などの熱エネルギーを同時に供給するものです。熱と電気の総合効率で70％以上が可能なシステムとして、エネルギーの有効活用の面から注目されており、現在1台当たりの出力は30～70kWが主流です。しかしながら、高効率化についてはあくまでも電気と熱を最大限に利用した場合で、熱の使用量が少ない場合は効率が低下するので注意が必要です。

　マイクロガスタービンは、従来のディーゼルエンジンやガスエンジンに比べて次のような特徴があります。

　①小形・軽量でイニシャルコストが安い。
　②構造がシンプルで保守が容易。
　③NO_xなどの有害排気ガスが少ない。

　今後病院やホテル、オフィスビル、商業施設などの地域分散形エネルギー供給システムに適する電源として期待が寄せられていますが、主に住宅地や商業地に施設されますので、騒音、振動、排気ガス対策の検討が必要です。また、1台当たりは小容量ですが普及が拡大していった場合の総合的な影響などの検討も必要です。

　マイクロガスタービンの燃料は都市ガスにより供給されますので、普及すれば電柱がいらなくなるという声もあります。しかし、設備の定期

一家に一台？ マイクロガスタービン

点検や修理のときに電気をどうするかという問題もあります。

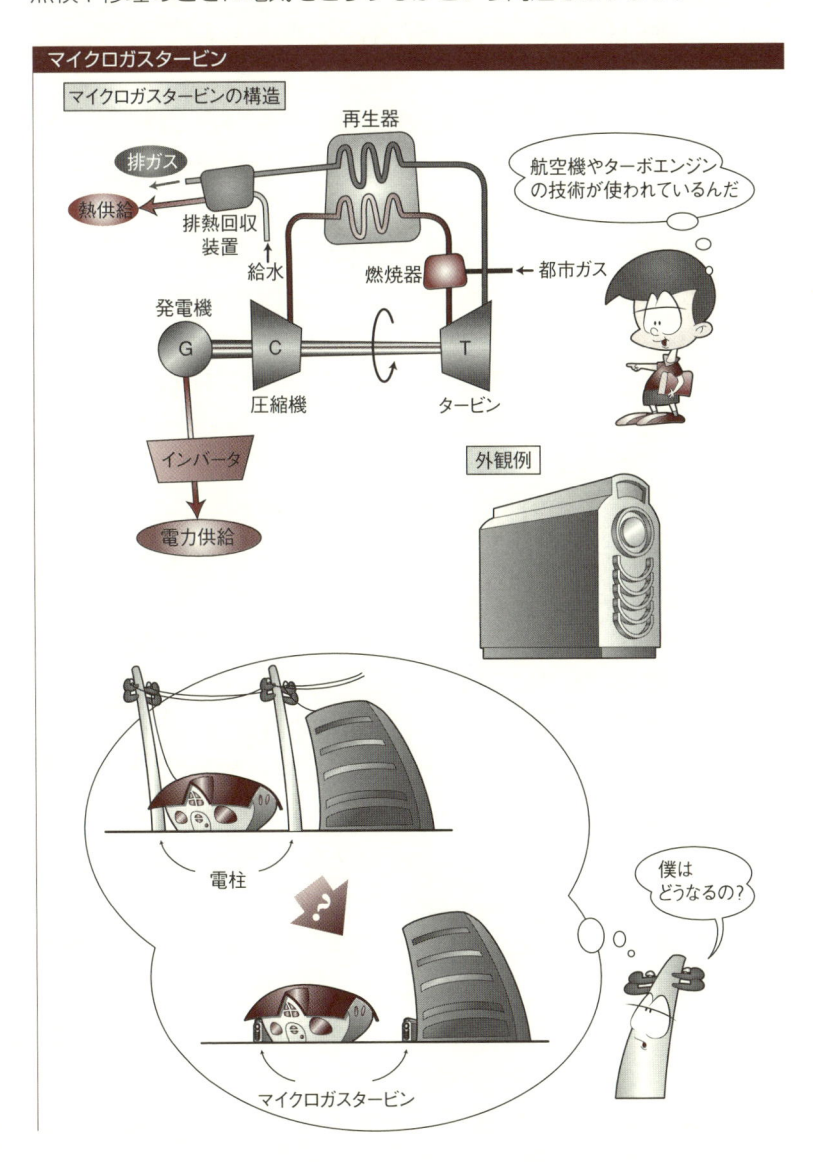

マイクロガスタービン

マイクロガスタービンの構造

- 再生器
- 排ガス
- 熱供給
- 排熱回収装置
- 給水
- 燃焼器 ← 都市ガス
- 発電機 G — C（圧縮機） — T（タービン）
- インバータ
- 電力供給

「航空機やターボエンジンの技術が使われているんだ」

外観例

電柱

マイクロガスタービン

「僕はどうなるの？」

夢見た技術　電力線インターネット

　インターネットというと電話線を思い浮かべる方が多いと思います。でも、電力線でもインターネットができるのです。さらに情報ばかりでなく、家庭内のいろいろな機器をネットワークを通じてコントロールすることもできます。つまり、一石二鳥のシステムといえます

　原理的には、一般の電灯線の正弦波交流に電力線搬送といって情報も一緒に乗せてしまうものが代表的な方式です。これを情報の重畳(ちょうじょう)といいます。そして、いろいろなサービスを提供するためのコンピュータ（サーバといいます）を電力量計に組み込むことにより、各家庭の屋内配線を通じて接続されているすべての電気製品をコントロールすることが可能になります。また、外出先で家の状態を確認したり、家庭内でインターネットに接続したり、必要な情報を受け取ったりすることもできるようになります。

　屋内配線を使いますから、新たにネットワークを構築する必要はありませんね。電気製品には、情報を送受信するための簡単なマイコンを取り付けるだけでいろいろなコントロールが可能となります。そして、インターネットなどにより世界中どこからでも、自分の家にアクセスすることが可能です。

　つまり、電力線インターネットはインターネットにとどまらず、いわゆる家庭用ネットワークを屋内配線を使用して簡単につくることができるわけです。この他、電気やガスの自動検針や、ホームセキュリティ、省エネ情報サービスなどさまざまなサービスを実施することもできます。

　電気エネルギーと情報技術が合体され、今までにない新しいインフラが出現するでしょう。これは、誰でも子供の頃に夢見ていたことのような気もします。その夢は、もうすぐ実現されようとしているのです。

夢見た技術　電力線インターネット

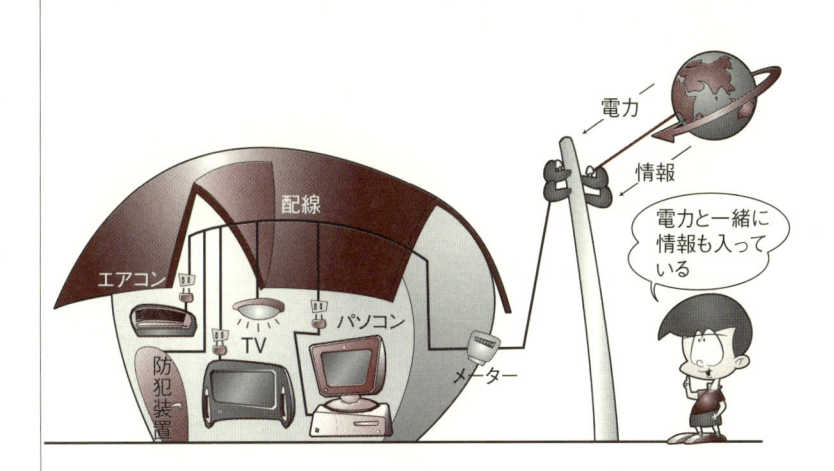

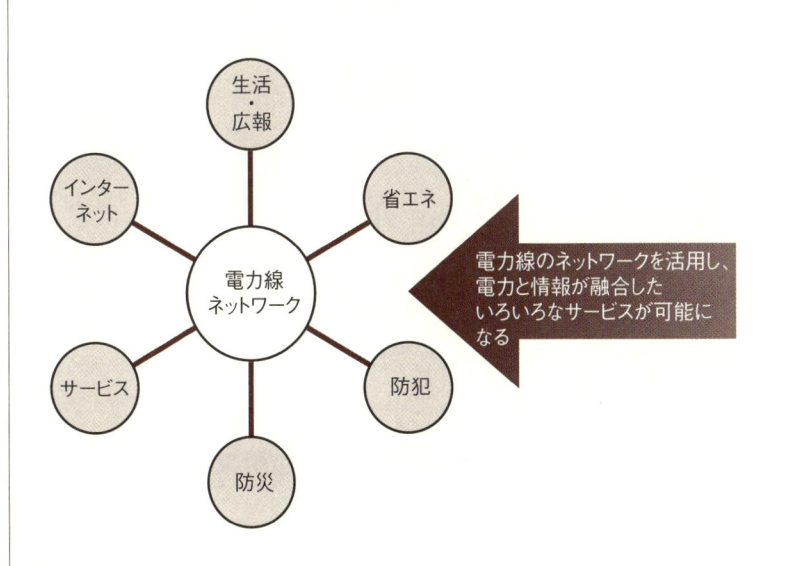

電力線インターネット

電力

情報

電力と一緒に情報も入っている

配線
エアコン
TV
パソコン
防犯装置
メーター

- 生活・広報
- インターネット
- 省エネ
- 電力線ネットワーク
- 防犯
- サービス
- 防災

電力線のネットワークを活用し、電力と情報が融合したいろいろなサービスが可能になる

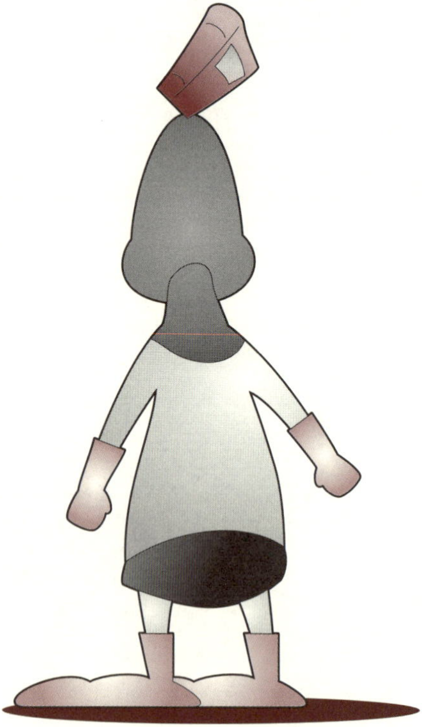

9 ちょっと変わった公式集

　この章がちょっと変わっているのは、公式集の形をとりながら、公式を省略しているからです。それは、本書自体が、演習書ではないので、やたら公式を載せても意味がないということによります。しかし、電気回路をより楽しく深く味わうためには、それなりに数学も必要なので、そのさわり部分について詳しく説明しました。この章により、電気回路をさらに楽しむことができることと思います。

ギリシャ文字を覚えよう

電気理論や電気回路の計算には、ギリシャ文字がたくさん出てきます。どこかで見たり聞いたことがある文字がたくさん並んでいます。文法を覚えるわけではありませんから、難しく考えないで慣れ親しむことが一番です。

ギリシャ文字

大文字	小文字	読み方	主な用途
A	α	アルファ	角度、係数、面積
B	β	ベータ	角度、係数
Γ	γ	ガンマ	角度、比重、導電率
Δ	δ	デルタ	微小変化、密度
E	ε	イプシロン	(小文字)自然対数の底＝2.71828、微小量、誘電率
Z	ζ	ツェータ(ジータ)	(大文字)インピーダンス、垂直軸
H	η	イータ	(小文字)効率、ヒステリシス係数
Θ	θ	シータ	角度、位相差、時定数
I	ι	イオタ	
K	κ	カッパ	(小文字)誘電率
Λ	λ	ラムダ	(小文字)導電率、波長
M	μ	ミュー	(小文字)透磁率、真空管増幅率、マイクロの略
N	ν	ニュー	(小文字)磁気抵抗率
Ξ	ξ	クサイ(クシー)	
O	o	オミクロン	
Π	π	パイ	円周率(3.14159……)、角度
P	ρ	ロー	抵抗率
Σ	σ	シグマ	(大文字)数の和を示す、(小文字)導電率
T	τ	タウ	時定数、位相の時間的ずれ、トルク
Y	υ	ウプシロン	
Φ	ϕ	ファイ	(大文字)磁束、(小文字)誘電束
X	χ	カイ(キー)	(大文字)リアクタンス
Ψ	ψ	プサイ	誘電束、位相差、角速度
Ω	ω	オメガ	(大文字)抵抗の単位記号、(小文字)角速度＝$2\pi f$

図記号を覚えよう

電気回路に使用する図記号は、JIS C 0617に決められています。代表的なものを示しますので、自分でも書けるようにしましょう。

主な電気用図記号（1）

（JIS C 0617抜粋）

図記号	説明
==	直流
~ ~50Hz ~100...600kHz	交流 例： 交流 50Hz 交流周波数範囲100kHzから600kHz
⏚	接地（一般記号）
⏂	フレーム接地、シャシ フレームまたはシャシを表す線を太くして斜線を省略
⊖	理想電流源
⏀	理想電圧源
⚡	故障（想定された故障地点）
⚡	せん絡、破壊
•	接続点、接続箇所
○	端子
(M 3~)	三相かご形誘導電動機
(*) （例） (V)（電圧計）	指示計器 アスタリスクは、次の中の一つで置き換え —測定量の単位を表す文字記号またはこの単位の倍数もしくは約数 —測定する量を表す文字記号 —化学式 —図記号

9 ちょっと変わった公式集

主な電気用図記号（2）

図記号	説明
	半導体ダイオード（一般図記号）
	発光ダイオード（LED）（一般図記号）
	抵抗器（一般図記号）
	可変抵抗器
	コンデンサ（キャパシタ）
	可変コンデンサ（キャパシタ）
	インダクタ、コイル、巻線チョーク（リアクトル）
	例：磁心入りインダクタ
様式1 / 様式2	2巻線変圧器
様式2	例：2巻線変圧器（瞬時電圧極性を示した場合）
様式1 / 様式2	3巻線変圧器
	一次電池、二次電池 一次電池または二次電池 〔長線が陽極（＋）を表し、短線が陰極（−）を表している〕
	ヒューズ（一般図記号）
	ヒューズ付き開閉器
	ヒューズ付き断路器
	放電ギャップ
	避雷器

単位を覚えよう

　長さを表す単位にはメートル、尺、マイルなどがありますが、すべての国が採用しうる１つの実用的な単位制度として決定されたものがメートルであり、国際単位系といわれ、SI単位ともいいます。

　SI単位には、まず基本単位７個と補助単位２個があります。補助単位は位相角など平面角を示すラジアン（rad）と３次元の立体角を示すステラジアン（sr）があります。次にこの基本単位と補助単位を組み合わせた組立単位があり、組立単位の中に発見者などの固有の名称をつけたものが17個あります。SI単位系は、その大きさが普通使うのには大きすぎたり小さすぎたりする場合があることから、必要により接頭語といって、10の整数乗倍を付けて表します。

　電気単位の組立ては以下のようになっています。一番最初のページの電気回路国語辞典と比べてみましょう。なかなか味わい深いものがあります。

　○１ボルト（V）　　1Aの不変電流が流れる導体の２点間における電力が1Wであるとき、その２点間に存在する電圧。

　○１オーム（Ω）　　導体の２点間に1Vの不変電圧を与えているときの電流が1Aであるとき、その２点間の電気抵抗。

　○１クーロン（C）　　1Aの不変電流が１秒間に運ぶ電気量。

　○１ファラド（F）　　1Cの電気量を充電したときに両電極間に1Vの電圧を生じるコンデンサの静電容量。

　○１ヘンリー（H）　　1A/sの割合で一様に変化する電流が流れるときに1Vの起電力を生じる閉回路のインダクタンス。

　○１ウェーバ（Wb）　　１回巻の閉回路と鎖交する磁束が一様に減少して1Vの起電力を生じているとき、その１秒間に変化する磁束。

9 ちょっと変わった公式集

○**1バール（var）**　電気回路に1Vの正弦波電圧を加えたときに、これと位相が$\pi/2$異なる1Aの正弦波電流が流れる場合の無効電力の大きさ。

○**1ボルトアンペア（VA）**　電気回路に1Vの正弦波電圧を加えたときに、1Aの正弦波電流が流れる場合の皮相電力の大きさ

単位（1）

SI基本単位

量	単位の名称	単位記号
長さ	メートル	m
質量	キログラム	kg
時間	秒	s
電流	アンペア	A
熱力学温度	ケルビン	K
物質量	モル	mol
光度	カンデラ	cd

SI補助単位

量	単位の名称	単位記号
平面角	ラジアン	rad
立方体	ステラジアン	sr

注）熱力学温度としては従来から用いられているセルシウス度（℃）をSI単位として使うことができます。

電気・磁気の単位

量	量記号	単位を定義する式	単位の名称	単位記号
電流	I	基本	アンペア（ampere）	A
電圧	V	$P=VI$	ボルト（volt）	V
電気抵抗	R	$R=V/I$	オーム（ohm）	Ω
電気量（電荷）	Q	$Q=It$	クーロン（coulomb）	C
静電容量	C	$C=Q/V$	ファラド（farad）	F
電界の強さ	E	$E=V/l$	ボルト毎メートル	V/m
電束密度	D	$D=Q/A$	クーロン毎平方メートル	C/m²
誘電率	ε	$\varepsilon=D/E$	ファラド毎メートル	F/m
磁界の強さ	H	$H=I/l$	アンペア毎メートル	A/m
磁束	Φ	$V=\Delta\Phi/\Delta t$	ウェーバ（weber）	Wb
磁束密度	B	$B=\Phi/A$	テスラ（tesla）	T
自己（相互）インダクタンス	L、(M)	$M=\Phi/I$	ヘンリー（henry）	H
透磁率	μ	$\mu=B/H$	ヘンリー毎メートル	H/m

tは長さ[m]　　Aは面積[m²]　　Pは電力[W]

単位 (2)

固有の名称を持つ組立単位

量	単位の名称	単位記号	定義
周波数	ヘルツ	Hz	$1Hz = 1s^{-1}$
力	ニュートン	N	$1N = 1kg \cdot m/s^2$
圧力、応力	パスカル	Pa	$1Pa = 1N/m^2$
エネルギー、仕事、熱量	ジュール	J	$1J = 1N \cdot m$
仕事率、工率、動力、電力	ワット	W	$1W = 1J/s$
電荷、電気量	クーロン	C	$1C = 1A/s$
電位、電位差、電圧、起電力	ボルト	V	$1V = 1J/C$
静電容量、キャパシタンス	ファラド	F	$1F = 1C/V$
(電気)抵抗	オーム	Ω	$1Ω = 1/V/C$
(電気の)コンダクタンス	ジーメンス	S	$1S = 1Ω^{-1}$
磁束	ウェーバ	Wb	$1Wb = 1V \cdot s$
磁束密度・磁気誘導	テスラ	T	$1T = 1Wb/m^2$
インダクタンス	ヘンリー	H	$1H = 1Wb/A$
セルシウス温度	セルシウス度または度	℃	
光束	ルーメン	lm	$1lm = 1cd \cdot sr$
照度	ルクス	lx	$1lx = 1lm/m^2$
放射能	ベクレル	Bq	$1Bq = 1s^{-1}$
質量エネルギー分与、吸収線量	グレイ	Gy	$1Gy = 1J/kg$
線量当量	シーベルト	Sv	$1Sv = 1J/kg$

SI接頭語

単位に乗せられる倍数	名称	記号	単位に乗せられる倍数	名称	記号	単位に乗せられる倍数	名称	記号	単位に乗せられる倍数	名称	記号
10^{24}	ヨタ	Y	10^9	ギガ	G	10^{-1}	デシ	d	10^{-12}	ピコ	p
10^{21}	ゼタ	Z	10^6	メガ	M	10^{-2}	センチ	c	10^{-15}	フェムト	f
10^{18}	エクサ	E	10^3	キロ	k	10^{-3}	ミリ	m	10^{-18}	アト	a
10^{15}	ペタ	P	10^2	ヘクト	h	10^{-6}	マイクロ	μ	10^{-21}	ゼプト	z
10^{12}	テラ	T	10	デカ	da	10^{-9}	ナノ	n	10^{-24}	ヨクト	y

電気回路は比例から

　電気回路を学習するためには、まず比例を知る必要があります。2つの数 a と b があって、a が b の何倍になるかという関係を比といい、$a:b$ または a/b と書きます。2つの数の比を一字で k などと書くこともあります。

　$a:b$ と $c:d$ が等しいとき $a:b=c:d$ または $a/b=c/d$ と書き、比例式といいます。すると、$ad=bc$ になります。ここでホイートストンブリッジを思い出した方は素晴らしいですね。確かに、同じ式を使いました。この関係を「比例式の外項の積は内項の積に等しい」といいます。これから、いろいろな関係式が出てきます。

　あるものを N 個買うと、その代金 Y は N に比例します。これを $Y \propto N$（$\propto$ は比例するという記号）と書き、またこれを $Y=CN$ とも書き、C を比例定数といいます。

　ここでオームの法則を思い出しましょう。「ある抵抗について、その抵抗を流れる電流は、その両端に流れる電圧に比例する」というものでした。そして、オームの法則を $E=RI$ と書きました。ここで R は抵抗ですが、これは立派な比例定数です。

　次に反比例についてまとめておきましょう。「反比例は逆数に比例する」ということです。つまり、$Y \propto 1/N$ の関係です。これは、オームの法則で、電圧を一定とすると、電流は $I=E/R$ となり、抵抗に反比例することになります。

　また、抵抗の値は1章で説明したように、導体の長さ L に比例し、その断面積 S に反比例します。このように、電気回路はまず比例の計算からスタートしましょう。

電気回路は比例から

比例

$a : b = c : d \Rightarrow \dfrac{a}{b} = \dfrac{c}{d}$

オームの法則は比例計算！

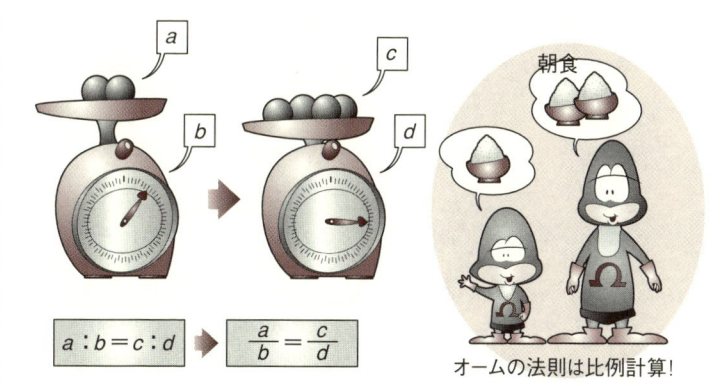

比例の公式

$\dfrac{a}{b} = \dfrac{c}{d}$ のとき、$\dfrac{a \pm b}{b} = \dfrac{c \pm d}{d}$

$\dfrac{a \pm b}{a \mp b} = \dfrac{c \pm d}{c \mp d}$

$\dfrac{a}{b} = \dfrac{c}{d} = \dfrac{e}{f}$ のとき、$\dfrac{a}{b} = \dfrac{c}{d} = \dfrac{e}{f} = \dfrac{a+c+e}{b+d+f}$

$\dfrac{a}{b} = \dfrac{c}{d} = \dfrac{e}{f} = \dfrac{pa+qc+re}{pb+qd+rf}$

オームの法則の問題

ある抵抗に10Aの電流を流したら、その両端の電圧は100Vであった。20Aの電流を流した場合の両端の電圧はいくらか。

（答）$10 : 100 = 20 : x$　　$x = \dfrac{100 \times 20}{10} = 200V$

解かなければ解けない方程式の解き方

オームの法則の次に大事なキルヒホッフの法則では、必ず方程式をつくります。代表的なものは、例えば電流I_1、I_2を求める場合など、未知数が2つある場合で、これを2元方程式といいます。2元方程式では、普通、方程式が2つなければ解くことができません。つまり、2つの方程式を1セットとして解くわけで、これを2元連立方程式といいます。

さて、方程式の解き方にもいくつか種類があります。決して、1つの解き方だけではないということを理解してください。そして、解くのは読者の皆さんということになるわけですが、いろいろな解き方を覚えましょう。方程式より鶴亀算の方が得意だという方がいてもいいのです。問題を解くということは、頭でわかっていても解けないものです。スポーツと同じで、繰り返し反復練習が必要なのです。そして、練習を重ねていくうちに、「はたきこみ」とか「引き落とし」とか得意技を体得してくるのです。

方程式の解き方として
$$x + 2y = 7 \quad \cdots ①$$
$$3x + 2y = 13 \quad \cdots ②$$
を例にとって解いてみましょう。

(1) **代入法** 片方の式を変形し、もう一方に代入します。つまり、①から$x = 7 - 2y$として、②に代入すると、yが求まります。

(2) **加減法** ①−②を計算します。すると、yが消えます(yの係数を等しくすることが必要です)。

(3) **等置法** ①と②を、それぞれ$x = \cdots$の式に直します。そして、両方が等しいと置けばyが求まります。

(4) **行列式による方法** 行列式という式をつくり、公式に当てはめて

解きます。未知数の数が多いときには便利な方法です。

方程式の解き方

2元連立方程式を解いてみよう
$x + 2y = 7$ …①
$3x + 2y = 13$ …②

練習して、得意技をつくろう！ すくい投げ

(1) 代入法

①より、$x = 7 - 2y$ …③

③を②に代入して、
$3(7 - 2y) + 2y = 13$
$21 - 6y + 2y = 13$
$-4y = -8$
$y = 2$ …④

(2) 加減法

①-②より、$-2x = -6$
$x = 3$

(2) 等置法

①より、$x = 7 - 2y$ …③

②より、$x = \dfrac{13 - 2y}{3}$

よって $7 - 2y = 13 - 2y$
$y = 2$

(4) 行列式の例

$x = \dfrac{\begin{vmatrix} 7 & 2 \\ 13 & 2 \end{vmatrix}}{\begin{vmatrix} 1 & 2 \\ 3 & 2 \end{vmatrix}}$

$= \dfrac{7 \times 2 - 2 \times 13}{1 \times 2 - 2 \times 3}$

$= \dfrac{-12}{-4}$

$= 3$

サイン (sin) はV

　三角関数はまずsin、cos、tanを覚える必要があります。また、0°、30°、45°、60°、90°などの基本的な値は、繰り返し使うことにより暗記しましょう。

　三角関数の値は、半径が1の円（単位円といいます）を書き、ある任意の角度θの場合、その角度を持つ動径OPに対する、X軸の値が$\cos\theta$、Y軸の値が$\sin\theta$として求まります。工夫すれば、tanの値もすぐ求まります。角度は90°以上の場合でも、360°以上でも、マイナスの角度でも求まります。ここまでくると、三角形のイメージではなく、回転角のイメージになります。これは電気回路では、とても大切なことです。

　また、この単位円から、縦軸に三角関数の値、横軸に角度の大きさをとればsinとcosのグラフも書くことができます。この三角関数のグラフにおいて、動径OPが1回転する間が周期と呼ばれています。これは、すっかり正弦波交流と同じ内容になります。

　なお、三角関数にはいろいろな公式があります。でも、電気回路ではそんなにたくさんの公式は使いませんから、安心してください。たくさんある公式の中で、大切なのは三角関数のピタゴラスの定理と、sinとcosの加法定理です。

　　　ピタゴラスの定理　　$\sin^2\alpha + \cos^2\alpha = 1$
　　　加法定理　　　$\sin(\alpha \pm \beta) = \sin\alpha\cos\beta \pm \cos\alpha\sin\beta$
　　　　　　　　　　$\cos(\alpha \pm \beta) = \cos\alpha\cos\beta \mp \sin\alpha\sin\beta$

　三角形のピタゴラスの定理は、直角三角形のピタゴラスの定理から求められる公式です。右の図で、求め方を確認しておきましょう。この3つの式で、大部分の三角関数の関係式を導くことができます。一度導

き方を練習しておくと、三角関数がとても身近なものに感じることができますから、ぜひ挑戦してみましょう。

三角関数

三角関数

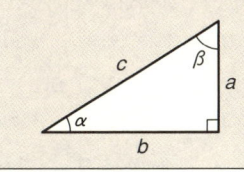

$\sin\alpha = \dfrac{a}{c}$ （サイン）

$\cos\alpha = \dfrac{b}{c}$ （コサイン）

$\tan\alpha = \dfrac{a}{b}$ （タンジェント）

ピタゴラスの定理
$a^2 + b^2 = c^2$

両辺をc^2で割ると

$\left(\dfrac{a}{c}\right)^2 + \left(\dfrac{b}{c}\right)^2 = 1$

よって

$\sin^2\alpha + \cos^2\alpha = 1$

> この2つからいろいろな公式がつくれるよ

加法定理

$\sin(\alpha \pm \beta) = \sin\alpha\cos\beta \pm \cos\alpha\sin\beta$ …①

$\cos(\alpha \pm \beta) = \cos\alpha\cos\beta \mp \sin\alpha\sin\beta$ …②

$\alpha = \beta$とおくと、

$\sin 2\alpha = 2\sin\alpha\cos\beta$ …③

$\cos 2\alpha = \cos^2\alpha - \sin^2\alpha$ …④

④にピタゴラスの定理を使ってみると

$\cos 2\alpha = \cos^2\alpha - \sin^2\alpha$

$= 1 - \sin^2\alpha - \sin^2\alpha$

$= 1 - 2\sin^2\alpha$

> $\sin\alpha$…$\cos\beta$…$\tan\theta$
>
> 自分で計算することが大切！

指数ベクトル複素数　みんなの関係

　ベクトルや複素数、極座標については2章の正弦波交流で必要の都度説明しましたが、ここでは復習の意味で、これらの関係を再チェックしておきましょう。

　複素数と三角関数を結ぶ基本的な定理は、ド・モアブルの定理です。

$$(\cos\theta + i\sin\theta)^n = \cos n\theta + i\sin n\theta$$

この式でn乗がn倍になっています（ここでiは虚数、すなわち電気回路のjを示します）。これは指数関数と似た性質です。ド・モアブルの定理を使って1の立方根を求めることができます。

$$(\cos\theta + i\sin\theta)^3 = \cos 3\theta + i\sin 3\theta = 1$$

したがって、$\cos 3\theta = 1$、$\sin 3\theta = 0$となります。

　上の式より、$3\theta = 2k\pi$（kは整数）となりますから、$\theta = 2/3k\pi$となり、$k=0$、1、2とおくことにより1の立方根が求まります。

　なぜ、このような説明をしたかといいますと、三相交流回路のところで説明したベクトルオペレータaを使い、大きさ1の三相交流を1、a^2、aで表しましたが、これはすなわち1の立方根にほかならないことをお話したかったからです。そして、$1 + a^2 + a = 0$となります。

　同じように1の4乗根は1、i、-1、$-i$となります。これは通常の複素数のベクトル表示ですね。

　もう1つの大切な関係に指数関数e^nに関するものがあります。すなわち

$$e^{i\theta} = \cos\theta + i\sin\theta$$

です。右辺はド・モアブルの定理の左辺の（　）の中と同じ形をしています。このように、ベクトルや複素数、極座標はいろいろな形でつながっています。ですから、ある程度学習が進んできたら、それらを総括し

指数ベクトル複素数　みんなの関係

て見ましょう。きっと電気回路の素晴らしさに驚かれると思います。

再チェック！　複素数と極座標

ド・モアブルの定理

$$(\cos\theta + i\sin\theta)^n = \cos n\theta + i\sin n\theta$$

オイラーの公式

$$\cos\theta + i\sin\theta = e^{i\theta}$$

3つがしっかり握手していることを理解しよう！

● オイラーの公式の展開例

$\theta = \dfrac{\pi}{2}$ のとき　$e^{i\frac{\pi}{2}} = \cos\dfrac{\pi}{2} + i\sin\dfrac{\pi}{2} = i$

$\theta = \pi$ のとき　$e^{i\pi} = \cos\pi + i\sin\pi = -1$

$\theta = -\theta$ のとき　$e^{-i\theta} = \cos(-\theta) + i\sin(-\theta)$

$\qquad\qquad\qquad\quad = \cos\theta - i\sin\theta$

1の4乗根（1、i、−1、−i）

1の立方根（1、a、a^2）

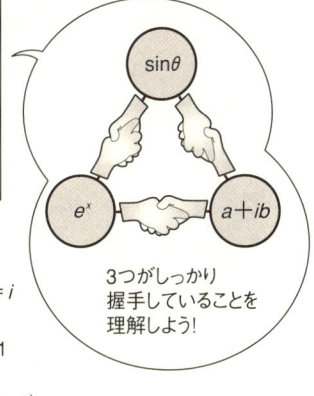

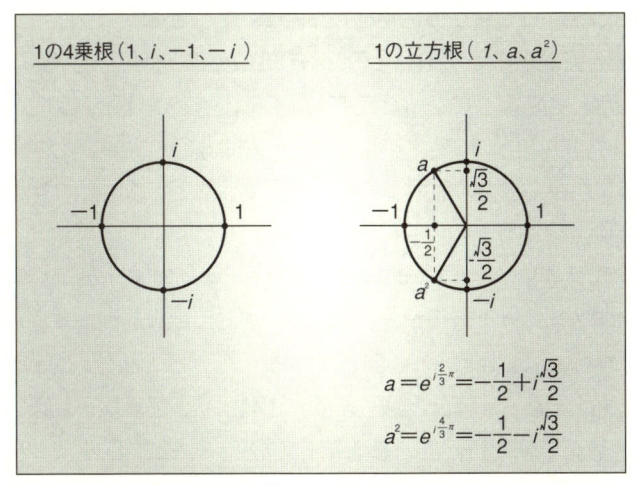

$a = e^{i\frac{2}{3}\pi} = -\dfrac{1}{2} + i\dfrac{\sqrt{3}}{2}$

$a^2 = e^{i\frac{4}{3}\pi} = -\dfrac{1}{2} - i\dfrac{\sqrt{3}}{2}$

（注）虚数単位 $i = \sqrt{-1}$ は、電気回路では i が電流の記号とまぎらわしいため j を使います。

傾きは微分　面積は積分

　一般に微分は接線の傾き、積分は曲線の面積という概念で表されます。理論そのものは難しい面もありますから、ここでは、微分と積分がどういう場面で活用されるかを簡単に理解しましょう。

　関数$y=f(x)$において、変数xがx_1からx_2まで変化するときの$f(x)$の増分とxの増分の比を、関数$f(x)$の平均変化率といい、平均変化率は$f(x)$の2点p、Qを通る直線の傾きに等しくなります。この平均変化率において、微小な変化分Δxを限りなく0に近づけたもの（極限値）を微分係数といいます。したがって、関数$f(x)$の$x=x_1$における微分係数$f'(x_1)$は、曲線$y=f(x)$における点$(x_1, f(x_1))$の接線の傾きを表します。そして、この$f'(x_1)$を$f(x)$の導関数といい、$f'(x)$を求めることを微分するといいます。$f'(x)=0$の場合、この接線の傾きは0ですから、すなわちx軸に平行となります。

　微分は極限値を求めるというその性質から、過渡現象における電流の変化状況などを求めることができます。また、傾きが0を中心に正から負（または負から正）に変化する場合、その曲線の最大値または最小値になりますから、電力の最大値や損失の最小値などを求めたりすることができます。

　微分の逆演算を積分といいます。$F'(x)=f(x)$のとき、$F(x)$を$f(x)$の原始関数または不定積分といいます。なお、定数を微分すると0になることから、公式よりx^2+3の微分も、x^2-6の微分も$2x$となり、両式とも$2x$の不定積分となります。これより、$2x$の不定積分はx^2+C（定数）で示され、このCを積分定数といいます。

　また、$y=f(x)$の曲線で$x=a$、$x=b$とx軸で囲まれた部分の面積Sは、$f(x)$の不定積分を$F(x)$とするとき

面積 $S = F(b) - F(a)$

で計算できます。この面積という概念は、電気量（＝電流×時間）、電力量（＝電力×時間）、仕事量（＝力×距離）と数学的には同じになりますから、これらを求めるときに積分が使われます。

微分の考え方

○微分係数 $\dfrac{dy}{dx} = f'(x) = y'$

$y' = \lim_{\Delta x \to 0} \dfrac{f(x + \Delta x) - f(x)}{\Delta x}$

$= \lim_{\Delta x \to 0} \dfrac{\Delta y}{\Delta x}$

$= \tan\theta$（傾き）

○主な公式

$y = x^n \rightarrow y' = nx^{n-1}$
$y = e^x \rightarrow y' = e^x$
$y = \sin x \rightarrow y' = \cos x$
$y = \cos x \rightarrow y' = -\sin x$

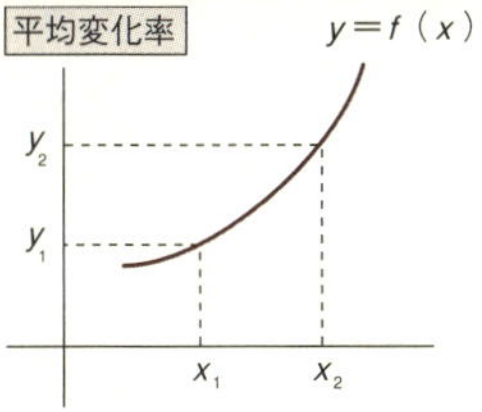

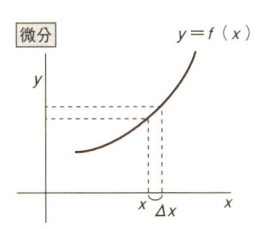

積分の考え方

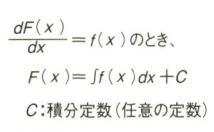

$\dfrac{dF(x)}{dx} = f(x)$ のとき、

$F(x) = \int f(x)dx + C$

C：積分定数（任意の定数）

○定積分

$\int_a^b f(x)dx = \left[F(x)\right]_a^b = F(b) - F(a)$

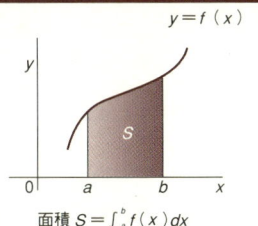

面積 $S = \int_a^b f(x)dx$
$= F(b) - F(a)$

○主な公式

$\int x^n dx = \dfrac{x^{n+1}}{n+1} + C$

$\int e^x dx = e^x + C$

$\int \sin ax \, dx = -\dfrac{\cos ax}{a}$

$\int \cos ax \, dx = \dfrac{\sin ax}{a}$

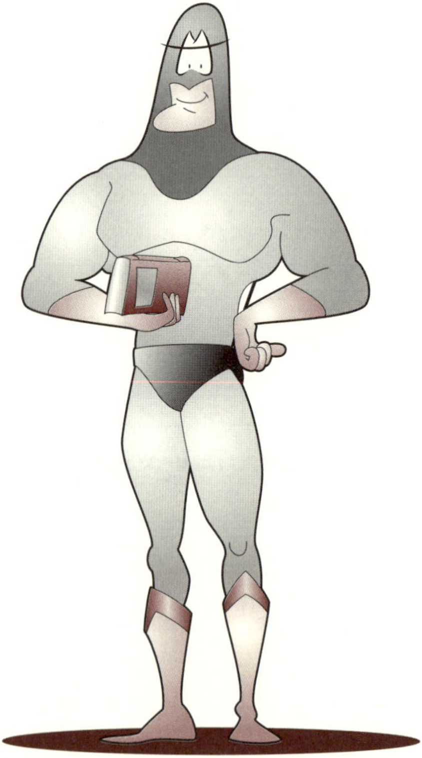

■参考文献

「新版　電気工学ハンドブック」関根泰次他監修、1988、電気学会
「電気工学ハンドブック」山村昌他監修、1980、電気学会
「改訂新版　電気工学ポケットブック（JR版）」電気学会編、1967、オーム社
「改訂新版　電気工学必携」尾本義一監修、1972、三省堂
「電気学会大学講座　電気磁気学（改訂版）」電気学会通信教育会編、1973、電気学会
「電磁気計測」電気学会通信教育会編、1971、電気学会
「改訂　交流回路計算法」山田直平著、1974、コロナ社
「大学講義　最新電気機器学」宮入庄太著1974、丸善
「これでわかった対称座標法」前川幸一郎著、1979、啓学出版
「ブルーバックス　虚数iの不思議」堀場芳数著、1990、講談社
「電気回路計算法の完成」永田博義著、1976、啓学出版
「電力ヒューズ・低圧遮断器の現場技術」黒田一彦・石川熙共著、1977、オーム社
「なるほどナットク！　電気がわかる本」松原洋平著、2001、オーム社
「第一種電気工事士　定期講習テキスト」1999、電気工事講習センター

■参考資料

「電力設備　平成12年度版」東京電力
「TEPCO　電気ガイド」東京電力
「でんこちゃんのなるほど安全！なっとくBOOK」東京電力

■索 引

数字・アルファベット

%導電率	14
△-Y変換	88
△形	94
△形電源-△形負荷	103
△形電源-Y形負荷	103
Y-△変換	90
Y形	94
Y形電源-Y形負荷	101
Y形電源-△形負荷	101
1の4乗根	222
1の立方根	222
22kV本線予備線方式	148
2元方程式	218
2元連立方程式	218
400V配電	150
60分法	24
ACB	156,158
cos	220
DV線	136
ELCB	162
GCB	158
JIS C 0617	211
MBB	158
MCB	156
NAS電池	202
OCB	158
RLC 直列回路	61
RNW方式	148
R 回路の計算	41
SF_6 ガス	158
sin	220
SI単位	213
SNW方式	148
SPS	196
TACSR	164
tan	220
VCB	158
V結線	144

あ 行

アーク	158
アークホーン	164
アース	2
アース線	142
油入遮断器	158
アラゴの円板	107
アルミ線	164
安全帯	164
アンペア周回積分の法則	128
アンペアの右ねじの法則	106
アンペアブレーカ	132
イオン	2,8
異常電圧	154
位相	30
位相角	30
位相差	30
位相定数	120
一次電池	202
移動磁界	108
イプシロン	36
インターネット	206
インダクタンス	18
インピーダンス	50
インピーダンス角	56
宇宙太陽光発電	196
宇宙輸送	196
エネルギー保存則	126
オイラーの公式	36

大型構造物組立	196
オーム	10
オームの法則	10, 216
屋内用小型スイッチ類	134
遅れ電流	30
押しボタンスイッチ	134
オメガ	24

か 行

がいし	136
回転磁界	106
回転ベクトル	32, 96
開閉器	138
開放伝達アドミタンス	118
回路	4
可逆の定理	80
架空線	2
架空地線	138, 164, 174
架空引込線	136
角速度	24
核融合発電	198
加減法	218
重ねの定理	74
ガス遮断器	158
架線	2
過電流	156
過電流事故	154, 160
過電流遮断器	132, 156
可動コイル形	178
可動鉄片形	178
過渡現象	122
過渡項	122
過負荷過電流	156
加法定理	220
環状形	94
完全反射	126
感知電流	162
帰還雷撃	174
基準ベクトル	32
気中遮断器	156
起電力	2
基本単位	213
基本波成分	124
逆せん絡	175
逆相電流	114
キャリヤ	8
吸引形	178
共振曲線	60
共振周波数	60
共役複素数	58
共用変圧器	146
行列式	118
行列式による方法	218
極座標	38, 222
極座標表示	36
極数	106
虚数	34
虚数部	34
許容接触電流	162
距離継電器	160
キルヒホッフの法則	5, 64
空気遮断器	158
クーロン	8
くまとりコイル形	108
組立単位	213
クリーンエネルギー	196
ケイ素鋼板	140
系統のネットワーク化	166
ケーブル	136
結合係数	20
欠相事故	154
ケルビン法	185
原子	8
原子核	8, 198
原始関数	224
懸垂がいし	164

減衰定数	120	サーバ	206
検流計	68	サーミスタ	190
限流遮断	156	最大電力の定理	82
限流ヒューズ	156	先駆放電	174
コ・ジェネレーション	204	サセプタンス	50
コイル	2	三角関数	24, 220
高圧カットアウト	159	三角法	38
高圧線	138	三相交流の位相差	94
広域運営	166	三相交流の接続	94
高温超伝導	200	三相交流方式	94
鋼心耐熱アルミ合金より線	164	三電圧計法	180
合成磁界	106	三電流計法	180
鋼線	164	三路スイッチ	134
高速度再閉路	158	磁界	2
高調波	124	磁界による電磁誘導	170
交番磁界	108	磁気遮断器	158
交流	2, 8	自己インダクタンス	20
交流電力	52	自己誘導	20
コードスイッチ	135	自己誘導起電力	42
コールラウシュウブリッジ法	185, 188	自己励磁現象	172
国際単位系	213	指示電気計器	178
固体高分子形燃料電池	202	指数法則	36
固定子	108	実効値	26, 28
弧度法	24	実数部	34
固有周波数	60	質量欠損	198
コロナ	168	時定数	122
コロナ損	168	自動昇降装置	164
コロナ放電	168	遮断器	132
混触	152	遮へい線	170
コンダクタンス	12, 50	周期	24
コンデンサ	18	集中定数回路	120
コンデンサ始動形	108	自由電子	8
		充電電流	46
		周波数	2, 24
		周波数変換装置	166

さ 行

サーキット	4	ジュール	16
サージ	126	ジュール熱	16
サージインピーダンス	126	ジュールの法則	16
サージ電圧	174		

主放電	174
瞬時値	26
消弧	158
消弧砂	159
真空遮断器	158
進行波	126
振動	122
スカラー量	32
進み電流	30, 172
スター形	94
ステラジアン	213
スポットネットワーク方式	148
成極作用	188
正弦波交流	24
静止ベクトル	32, 96
成層	140
正相電流	114
静電現象	170
静電誘導	18
静電容量	18
積分	224
積乱雲	174
絶縁体	3, 12
絶縁油	140
絶対値	32
接頭語	213
零相電流	114
線間電圧	98
線電流	98
全波整流	125
専用変圧器	146
せん絡	175
相互インダクタンス	20
相差	30
相対性	84
送電	2
相電圧	98
相電流	98
相反の定理	80
ソーラーパワーサテライト	196

た 行

第1法則	64
第2調波	124
第2法則	64
第n調波	124
対称座標法	112, 114
対称三相交流	94
対称な回路	86
大地放電	174
帯電	3
代入法	218
タイムスイッチ	136
太陽電池	202
太陽電池発電システム	196
太陽発電衛星	196
大容量電力貯蔵システム	202
多重雷	174
多相交流方式	94
脱調事故	154
多導体	164
ダブルブリッジ法	185
単位円	220
単位ベクトル	37
端子	2
単相3線式	142
単相モーター	109
タンブラスイッチ	134
短絡	2
短絡伝達インピーダンス	118
短絡電流	156
地中引込線	136
中央給電指令所	166
柱上変圧器	140
中性子	8, 198
中性線	142

超伝導	200	電位	3
超伝導ケーブル	200	電位差	3,4
超伝導コイル	200	電荷	3,8
超伝導変圧器	200	電界	3
超伝導マグネット	200	電界による静電誘導	170
直流	8	電気設備の技術基準	132,188
直流送電	166	電気抵抗	10,12
直列	3	電気物理	8
直列接続	12	電源	3
地絡	3	電子	8
地絡故障	114	電磁開閉器	156
地絡事故	152,154,160	電磁気学	8
定格電流	162	電磁気現象	170
定係数微分方程式	39	電磁波誘導障害	152
抵抗	12	電磁誘導	18
抵抗温度計	190	電食	154
抵抗温度係数	14	電灯線	138
抵抗測定	184	伝導電子	8
抵抗率	14	伝導電流	128
定常項	122	電波障害	154
定常状態	38	伝搬定数	120
定電圧回路	10	電流	4
定電流回路	10	電流回路	4
定電流源	10	電流共振	60
鉄塔	164	電流計算	10
デルタ形	94	電流源	84
電圧	3,4	電流検出	160
電圧共振	60	電流の流れにくさ	10
電圧計算	10	電流力形電力計	180
電圧源	84	電流連続	4
電圧検出	160	電力	16
電圧コイル	180	電力系統	166
電圧降下	3	電力線インターネット	206
電圧降下法	186	電力線搬送	206
電圧線	142	電力貯蔵	200
電圧増幅回路	60	電力ヒューズ	158
電圧電流計	178	電力融通	166
電圧平衡	4	電力用コンデンサ	172

電力量	16
電力量計	136
ド・モアブルの定理	222
ドアスイッチ	135
等価	86, 98
等価回路	86
等価抵抗	86
透過波	126
等価変換	86
導関数	224
同期速度	106
動作責務	158
導体	3, 12
等置法	218
導電率	14
灯力共用三相4線式	146
動力線	138
独立な閉路	70
トランス	140

な 行

内線規定	132
二次電池	202
二電力計法	182
入道雲	174
熱電併給	204
ネットワーク配電	148
ネットワークプロテクタ	148
ネットワーク母線	148
ねん架	170
燃料電池	202
のこぎり波	125

は 行

バー	54
配線用遮断器	132, 156
配電	3
パイロット継電器	160
波長定数	120
白金線	190
発電機の基本式	116
発熱量	6
波動方程式	128
馬力	16
パルス波	125
パルス法	192
反共振	60
万国標準軟銅	14
反射係数	126
反射波	126
半導体	12
半波整流	125
反発形	178
ピーク時	166
光の電磁波説	128
引込口配線	136
引込柱	136
引込用ビニル絶縁電線	136
非限流遮断	156
ひずみ波	124
非接地方式	152
皮相電力	54
非対称三相交流	94
ピタゴラスの定理	220
微分	224
微分係数	224
避雷器	138
避雷針	174
比例	216
比例定数	216
ファラド	18
ファラデーの法則	128
フェランチ効果	172
負荷	3
負荷変動	166
複素数	34, 38, 222

複導体	168
不随意電流	162
不定積分	224
不平衡三相回路	112
フリッカ	146
ブリッジ回路	66
ブリッジの平衡条件	184
プルスイッチ	134
ブロンデルの定理	182
分相始動形	108
分電盤	132, 136
分布定数回路	120
平均値	26
平衡三相回路	112
平衡条件	68
並列	3
並列共振	60
並列接続	12
閉路方程式	66
ベース負荷	166
ベクトル	222
ベクトルアドミタンス	50
ベクトルインピーダンス	50
ベクトルオペレータ	96
ベクトル図	32
ベクトル量	32
変圧器	138, 140
偏角	36
ペンダントスイッチ	135
ヘンリー	18
変流器	136
ホイートストンブリッジ	68
ホイートストンブリッジ法	184
鳳-テブナンの定理	76
方向継電器	160
放出形	158
放電	3
ホール	8
保護継電器	160
保護リレー	160
星形	94
補償起電力	78
補償の定理	78
補助単位	213
ボルトアンペア	54

ま 行

マーレーループ法	192
マイクロガスタービン	204
マイクロ波受電システム	196
マイクロ波送電システム	196
マイスナー効果	200
マクスウェル	128
マクスウェルの電磁方程式	128
マトリクス	118
未知数	218
密閉形	158
ミルマンの定理	112
無効電圧	54
無効電流	54
無効電力	54, 180
モー	50
漏れ磁束	20

や 行

有効電圧	54
有効電流	54
誘導起電力	18
誘導障害	170
誘導電動機の原理	106
誘導リアクタンス	44
陽子	8, 198
揚水式発電所	166
容量法	192
容量リアクタンス	48
四端子回路	118

四端子定数 118
四路スイッチ 134

ら 行

落雷 174
ラジアン 213
リーダ 174
リード線 190
力率 52, 180
力率角 52
利用率 144
リン酸形燃料電池 202
ループ電流 72
レギュラーネットワーク方式 148
漏電遮断器 132, 160, 162
ロータリースイッチ 134

わ 行

ワットアワー 16
ワット数 6

<著者略歴>

飯田　芳一（いいだ　よしかず）

東電学園大学部卒業
現在東京電力(株)に勤務，主に配電業務に従事
第一種電気主任技術者

●主な著書

『電験二種実戦攻略　法規』
『電験三種実戦攻略　法規』
『電験二種　二次試験の完全対策』（共著）

以上，オーム社

本文イラスト◆中西　隆浩

- 本書の内容に関する質問は，オーム社出版部「(書名を明記)」係宛，書状またはFAX(03-3293-2824)にてお願いします．お受けできる質問は本書で紹介した内容に限らせていただきます．なお，電話での質問にはお答えできませんので，あらかじめご了承ください．
- 万一，落丁・乱丁の場合は，送料当社負担でお取替えいたします．当社販売管理課宛お送りください．
- 本書の一部の複写複製を希望される場合は，本書扉裏を参照してください．

JCOPY ＜(社)出版者著作権管理機構　委託出版物＞

なるほどナットク!
電気回路がわかる本

平成13年12月20日　　第1版第1刷発行
平成24年 6 月10日　　第1版第12刷発行

著　者　飯田芳一
発行者　竹生修己
発行所　株式会社　オーム社
　　　　郵便番号　101-8460
　　　　東京都千代田区神田錦町3-1
　　　　電話　03(3233)0641(代表)
　　　　URL http://www.ohmsha.co.jp/

© 飯田芳一 *2001*

組版　カリモ舎　　印刷　三美印刷　　製本　関川製本所
ISBN978-4-274-03569-2　Printed in Japan

なるほどナットク！シリーズ

B6判

なるほどナットク！
デジタルがわかる本
吉本久泰 著

あなたはアナログ派？
それとも…

なるほどナットク！
デジタル放送がわかる本
吉野武彦 監修　久保田啓一・福井一夫・今西正徳 共著

みんなで楽しむ
デジタル放送!!

なるほどナットク！
モーターがわかる本
内田隆裕 著

身近な機構、モーターとは
どんなものなのか？
疑問に答えるこの1冊！

なるほどナットク！
電気がわかる本
松原洋平 著

日常生活に欠くことのできない
電気をひも解く！

なるほどナットク！
燃料電池がわかる本
燃料電池開発情報センター 監修　石井弘毅 著

新エネルギー源の本命?!
燃料電池の現在、未来がここに！

なるほどナットク！
電子回路がわかる本
飯高成男 監修　宇田川弘 著

電子の流れを巧みに制御！
さまざまな機能を実現する
電子回路のしくみとは？

なるほどナットク！
電気回路がわかる本
飯田芳一 著

電気回路は小説より奇なり！?
味わい深い電気回路の
秘密に迫る！

なるほどナットク！
センサがわかる本
都甲潔・宮城幸一郎 共著

味覚も匂いもセンサにおまかせ！
五感を超え広がるセンサの世界!!

なるほどナットク！
ネットワークセキュリティがわかる本
伊藤敏幸 著

ネットワークセキュリティがわかれば
ハッカーは怖くない!!

なるほどナットク！
モバイルがわかる本
杉野昇・磯部悦男 共編

ビジネスマン必見！
仕事に遊びにモバイルだぁ

なるほどナットク！
ITRON/JTRONがわかる本
美崎薫 著

身近な製品を
IT化する組込みOS

なるほどナットク！
次世代インターネットがわかる本
田中壽一 著

ネットの世界は
未来を見据えている！

なるほどナットク！
TCP/IPがわかる本
平尾隆行 著

ネットワーキングの約束ごとだい！
TCP/IPのしくみがよぉーくわかる?!

なるほどナットク！
CGがわかる本
横枕雄一郎 著

発揮せよ創造力！
目指せクリエーター!?

もっと詳しい情報をお届けできます．
○書店に商品がない場合または直接ご注文の場合も
　右記宛にご連絡ください．

ホームページ http://www.ohmsha.co.jp/
TEL／FAX TEL.03-3233-0643　FAX.03-3233-3440

D-0404-18